从零开始做烘焙

王森 著

青岛出版社
QINGDAO PUBLISHING HOUSE

烘焙是神秘的。洁白的牛奶，香浓的黄油，晶莹的砂糖，在烤炉中逐渐升华，变成了香脆的饼干，松软的面包，甜蜜的糖果。这质的升华无不让人感叹造物主的万能。

烘焙是美丽的。优雅动人的花卉，玲珑曼妙的女子，童真无限的卡通，向世人展示她的魅力，吸引着大家的目光，那是人类对真善美的无尽追求的结果，赋予人美的享受。

烘焙又是痛并快乐的。号称"气疯"的戚风蛋糕，是制作蛋糕的基础，有多少人一炉又一炉烤裂；可爱的猫咪饼干，烤制成了碎片。这些失败的经历最终换来香甜的美味、家人的健康，一定会成为你人生中很幸福的经历。

跟我们一起学习烘焙美味吧。

本书分成三个大的部分。在蛋糕的世界中，我们与杯子蛋糕共舞，与巧克力蛋糕一起游玩，和这些精灵一起唤回童年的记忆。吐司面包、松质面包、欧式面包，这里应有尽有，总有一款适合你的口味。饼干以"爱和温馨"为主题，用精美的图片和详细的步骤，讲解不同种类的饼干制作方法，打造家庭专属的饼干。

编者

2016年3月

　　王森，西式糕点技术研发者，立志让更多的人学会西点这项手艺。作为中国第一家专业西点学校的创办人，他将西点技术最大化地运用到了市场。他把电影《查理与巧克力梦工厂》的场景用巧克力真实地表现，他可以用面包做出巴黎埃菲尔铁塔，他可以用糖果再现影视中的主角的形象，他开创了世界上首个面包音乐剧场，他是中国首个西点、糖果时装发布会的设计者。他让西点不仅停留在吃的层面，而且把西点提升到了欣赏及收藏的更高层次。

　　他已从事西点技术研发20年，教学培养了数万名学员，学员来自亚洲各地。自2000年创立王森西点学校以来，他和他的团队致力于传播西点技术，帮助更多人认识西点，寻找制作西点的乐趣，从而获得幸福。作为西点研发专家，他著有《简单温馨蛋糕裱花》《十二生肖蛋糕裱花》《甜蜜浪漫手工巧克力》《时尚前卫分子美食》《蛋糕裱花大全》《超人气，易上手——炫酷冰饮·冰点·冰激凌》《浓情蜜意花式咖啡》等几十本专业书籍及光盘。他善于创新，才思敏捷，设计并创造了中国第一个巧克力梦公园，这个创意让更多的家庭爱好者认识到了西点的无限魔力。

目 contents 录

一、香甜蛋糕

二、软嫩面包

目 contents 录

三、酥脆饼干

香甜蛋糕

蛋糕种类繁多，做法多样，无论是重油蛋糕、杯子蛋糕、全蛋蛋糕、分蛋蛋糕，还是米蛋糕、蒸蛋糕、芝士蛋糕、泡芙蛋糕，呈现出的都是浓浓的爱意。

1. 蛋糕的分类

随着时代的发展，蛋糕渐渐成为人们生活中不可缺少的甜品。在蛋糕的世界中，不同的配方会制作出浓稠不一的面糊，经过高温烘烤，便会呈现出风味迥异的蛋糕。

在外观上，由于搅拌的时间和打发的程度不同，以及空气渗入的程度不同，不同类型的蛋糕，会在表面呈现出不同程度的龟裂。按照原料配方、制作方式和内部组织形式的不同，可以将蛋糕分为以下几种。

重油蛋糕

重油蛋糕的油脂含量较多，一般达到40％或以上。经过搅拌后形成松软的组织。内部结构看起来较为紧密，有一定的光泽度，有浓郁香醇的奶油味。

杯子蛋糕

杯子蛋糕实际是一种重油蛋糕，只是比重油蛋糕的材料多了一种泡打粉。因此，杯子蛋糕比重油蛋糕组织更为细密，湿润度较高。

全蛋蛋糕

全蛋式蛋糕由蛋液和细砂糖打发后制作而成。全蛋蛋糕的弹性较大，内部组织均匀，口感松软绵细，具有浓厚的蛋香味。

分蛋蛋糕

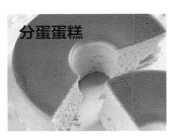

分蛋式蛋糕是指用蛋白、蛋黄分别拌匀或打发，然后混合到一起制成的蛋糕。油脂含量较少，湿性材料含量较高。分蛋式蛋糕组织均匀柔软。

其他蛋糕

咸蛋糕是一种不含糖分的蛋糕，内部组织较一般蛋糕稍微偏硬，它的组织膨大是膨松剂（如苏打粉、泡打粉等）膨胀产生的效果。

蒸蛋糕，一般口感甜松绵软，湿润可口，具有蛋香风味。一般蛋糕通过烘烤成熟，会流失较多水分，而蒸蛋糕靠温度和水蒸气蒸制而成，水分流失较少，表面不易上色。

芝士蛋糕，又名乳酪蛋糕、奶酪蛋糕，分为轻芝士蛋糕（芝士含量较低而粉的含量较高）和重芝士蛋糕（芝士含量较高而粉的含量较低），奶酪味较重，香滑细嫩。

泡芙蛋糕，面糊受热会膨胀，所以挤在纸杯中要留有足够空隙。如果喜欢形状比较规则的泡芙，那么需要调整面糊的浓稠度。泡芙蛋糕是空心的，可以搭配各种馅料食用，口感比较湿滑。

还有米蛋糕，一般蛋糕用面粉作为原料，而米蛋糕是用米粉作为原料。米蛋糕口感韧性比较强。

制作蛋糕，选取正确的材料是非常重要的，常用的制作蛋糕的材料分以下几种。

（1） 糖类

细砂糖
主要的西式甜点甜味剂，颗粒较为细小，容易搅拌溶化。

红糖
又称黑糖，具有浓郁的焦香味。

蜂蜜
添加在蛋糕中具有保湿及上色效果。

糖粉
白色粉末状的糖，更容易在液体中溶化。

（2） 粉类

低筋面粉
是蛋白质含量较低的面粉，一般蛋白质的含量在8.5%以下，通常用来制作蛋糕及饼干。

全麦面粉
低筋面粉内添加麸皮，用于蛋糕制作中，可以增添风味。

玉米粉
呈白色粉末状，具有凝胶的特性，添加在蛋糕制作材料中，可让面糊筋性减弱，蛋糕组织更为绵细。

抹茶粉
抹茶粉是采用天然石磨碾磨成微粉状的、蒸青的绿茶。将其用于蛋糕制作材料中，可以起到改善蛋糕味道的作用。

杏仁粉

由杏仁磨成的粉，添加在蛋糕中，用来丰富蛋糕的口感。

奶粉

用在蛋糕制作中，增加产品的风味。

椰子粉

椰子粉是由椰子的果实制成，用于蛋糕制作材料中可以改变蛋糕的口味。

（3）膨松剂

泡打粉（BP）

泡打粉简称BP，在使用时和面粉一起搅拌能起到膨松效果。

蛋糕乳化剂（SP）

制作蛋糕时的添加剂，可以使蛋糕组织达到松软绵细的效果。

（4）乳制品类

奶油

奶油是由牛奶提炼而成，制作蛋糕时常常使用无盐奶油。奶油需要冷藏保存。

鲜奶

即为鲜牛奶，可以增加面团的湿润度和蛋糕的香味。

炼乳

呈乳白色浓稠状，由新鲜牛奶蒸发提炼而成。

奶酪

奶酪是牛奶制成的半发酵品，常用来制作奶酪蛋糕或慕斯，需要在冷藏室中储存。

（5）坚果类

核桃
可以添加在面团或面糊中，增添产品的风味。

杏仁碎
由整粒的杏仁切碎而成。

芝麻
可以添加在面团中，也可以用作表面装饰品。

杏仁片
由整粒的杏仁切片而成，常用于表面装饰。

（6）巧克力类

黑巧克力
黑色巧克力常隔水化开后使用，可以用于面糊制作或者装饰在表面。

白巧克力
白色巧克力常隔水化开后使用，可以用于面糊制作或者装饰在表面。

（7）果仁果酱类

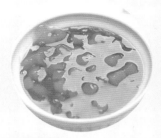

蜜红豆
经过熬煮蜜渍过后呈完整颗粒状的红豆，常用于面糊的制作，增添蛋糕的风味。

橄榄
腌制过的橄榄，常用来装饰蛋糕的表面。

芒果果酱
果酱可以用来加入面糊或者制作馅料，使蛋糕更为美味。

葡萄干
经常添加在面包或者蛋糕内，可以增加产品的风味。

蔓越莓干
添加在面包或蛋糕内，增加风味，如果颗粒过大，使用前可以先切碎。

椰汁
由椰肉碾磨加工而成，用于蛋糕的制作，以增加蛋糕的风味。

（8）水果类

香蕉
切片使用，可以用在表面装饰；也可切碎拌在面糊内。

小番茄
一般切片或者整个放在表面用于装饰。

（9）蛋类

鸡蛋是制作蛋糕必不可少的原料。制作蛋糕有使用全蛋的，也有只用蛋黄或者只用蛋白的，如天使蛋糕即为只用蛋白，不用蛋黄制作的蛋糕。

（10）其他类

橙汁
可以加入面糊或者馅料中调味。

白兰地
酒精浓度较低的白兰地，可以加入点心中调味。

3. 蛋糕制作的常用工具

打蛋盆
一般用不锈钢的盆，大小合适即可。

小刮板
刮面糊时使用。

打蛋器
搅拌液体时使用。

纸杯模具
做杯子蛋糕必备的纸杯模具，有各种花型，可以挑选不同的样子。

网筛

用来把颗粒较粗的粉类筛细，使制作的蛋糕口感更好。

电动搅拌器

打发奶油、蛋液或者蛋白更为方便快速。

电磁炉

加热工具。在煮牛奶或者化开黄油时使用。

量杯

量杯用来称量材料使用，方便快捷。

电子秤

可以精准地称量材料，最好使用可以精确到克(g)的电子秤。

烤箱

制作蛋糕必备的加工工具。

4. 蛋糕的制作要点

（1）食材的选择

制作蛋糕时要选择相应的食材，并搭配适当的制作方法，才能烘烤出美味的蛋糕。

如果制作的蛋糕需要的食材无法取得，可以用同等属性的材料替换。如，蔓越莓干可以换成葡萄干，榛果粉可以换成杏仁粉等。

（2）制作前的准备工作

制作前首先要准备好需要的材料。其次，要称量好所需材料的分量，而且称量一定要准确，这样做出来的蛋糕才会比较美味。

（3）烘烤的方式

烘烤蛋糕之前，要先把烤箱预热，这样成品才会受热均匀。

烘烤时要根据模具的大小来调整烘烤的时间和温度的高低。烘烤结束后，蛋糕要即刻出炉，不可以用余温继续焖，否则水分会流失过多，影响口感。

杯子蛋糕的制作成功率很高，所以制作时大可以放手去做，不需要太过担心。如果是初次接触烘焙的新手，制作蛋糕只要针对下面四点多加留意，就可以轻松避免可能出现的失误了。

（1）筛匀粉类材料

过筛除了可以把粉类材料中的杂质、粗颗粒去掉，并且让质地变松之外，对于同时添加多种粉类材料的蛋糕，还可以预先把材料混合均匀。这样可以缩短搅拌面糊的时间，避免因泡打粉或小苏打粉混合不均匀，造成膨胀不均匀的问题。如果能在过筛之前将粉类材料稍微混合，再利用过筛的动作使材料充分混合均匀，如此一来就可以使搅拌面糊的过程更轻松、快速地完成。

（2）不要搅拌过久

杯子蛋糕一般是靠泡打粉和小苏打粉帮助面糊发酵和膨胀，因为没有经过长时间的自然发酵，所以膨胀力有限。如果在搅拌时过分打发，会使有限的膨胀力更降低，同时面糊也会出筋使膨胀更加困难。无法膨胀的蛋糕在烘烤时就会出现收缩的现象，质地异常紧密。

（3）奶油须软化或隔水化开

奶油必须冷藏保存，而刚从冰箱取出的奶油质地很硬，温度也过低，不但不容易和其他材料拌匀，也因为温度过低而使油水兼容更为困难，所以开始制作之前必须先将奶油处理至合适的状态。不同的做法需用不同状态的奶油。基本拌合法适合液态的奶油，所以需要先隔水加热。而其他拌合法则只要将奶油放在室温中充分软化即可，可以先切成小片缩短软化的时间。

（4）不要装填过满

　　蛋糕面糊会在烘烤时膨胀，装填时除了要注意高度一致（高度一致做出的蛋糕外形才会漂亮）外，还不能装太满，以不超过八分满为原则。否则当面糊开始膨胀而外皮还没有定形时，过多的面糊就会从四周流出来，而不是正常地向上发展成圆顶状。不但外形不好看，也会因为杯中的面糊分量变少，烘烤时间会相对过久，使蛋糕的面皮过于脆硬。

6. 蛋糕制作 Q&A

Q（question）：问
A（answer）：答

　　Q：材料中的奶油可以用色拉油取代吗？

　　A：色拉油本身不具有香味，无法起到为产品加分的作用，但是用色拉油制作蛋糕也有其优点，色拉油可以直接使用，不需要软化或化开等麻烦的步骤。而且蛋糕既使经过冷藏也不会变硬，可以维持一样的柔软度，美中不足的是吃起来会比较有油腻感。

Q： 使用白砂糖和使用糖粉有何不同？

A： 在作用上，使用糖粉和使用白砂糖并没有不同。但是因为制作杯子蛋糕最好能缩短面糊搅拌的时间，所以使用更容易溶化混合的糖粉会比使用颗粒较粗的白砂糖好一些。否则为了配合面糊搅拌的时间，通常会无法等到砂糖完全溶化就开始操作，而使蛋糕吃起来带有砂糖颗粒，甜味也会因此不足。

Q： 蛋糕应该冷藏还是在室温中保存？

A： 做好的蛋糕如果不能在2～3天以内吃完，就应该放到冰箱冷藏。其实蛋糕是冷食、热食都适合的点心，所以无论是冷藏后直接吃还是稍微放在室温中回温再吃，味道都很不错。若是喜欢香味浓郁一点，当然是再加热后比较好，可以直接放到烤箱中低温烘烤3分钟左右，或是加盖利用微波炉加热也很方便。

重油蛋糕

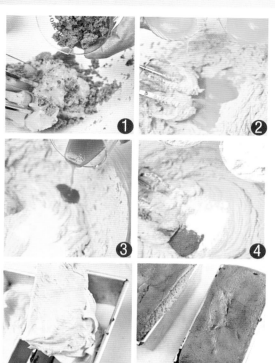

蜂蜜磅蛋糕

（成品2个）*Fengmi Bangdangao*

材料

A.红糖115克、黄油200克

B.蜂蜜85克

C.鸡蛋两个、蛋黄两个

D.香草粉2克、焦糖液15克

E.低筋面粉80克、玉米淀粉60克、
　玉桂粉1.5克、泡打粉2.5克

/装饰材料/

F.蜂蜜40克、白兰地30克

G.糖粉适量、水果适量

制作过程

1. 先将材料A搅拌打发，加入材料B混合拌匀。

2. 再分次加入材料C，搅拌均匀。

3. 将过筛的香草粉和焦糖液加入，充分搅拌均匀。

4. 然后加入过筛的材料E，充分混合均匀。

5. 将面糊倒入模具中，约八分满。

6. 入炉，以上下火170℃的温度烘烤，烤约45分钟，出炉后趁热刷上用材料F混合拌匀的蜂蜜酒，冷却即可。

7. 在蛋糕的表面筛上适量的糖粉，并装饰适量的水果即可。

大芒果磅蛋糕 （成品1个）
Damangguo Bangdangao

材料

无盐奶油60克
绵白糖60克
鸡蛋1个
低筋面粉90克
泡打粉1.5克
细盐1克
芒果泥200克

制作过程

1. 先将无盐奶油放在容器中，以中速搅拌打软。

2. 然后将绵白糖加入，一起搅拌打发。

3. 接着将鸡蛋分次加入，搅拌均匀。

4. 加入芒果泥混合拌匀。

5. 加入细盐、过筛的低筋面粉和泡打粉，充分拌匀。

6. 将面糊放入模具中约八分满，轻震两下。

7. 入炉，以上下火180℃/160℃烤约30分钟。

8. 出炉，趁热脱模冷却即可。

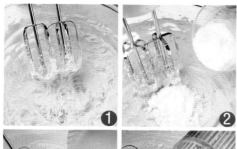
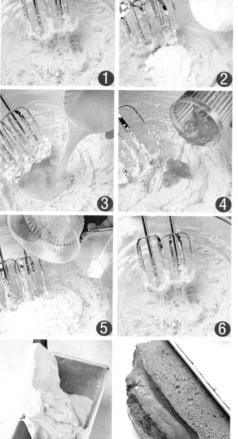

香橙果酱磅蛋糕

（成品1个）*Xiangchengguojiang Bangdangao*

制作过程

1. 先将无盐奶油放在容器中，以中速搅拌打软。
2. 再将糖粉加入，搅拌打发。
3. 然后将鸡蛋分次加入，搅拌均匀。
4. 接着将香橙果酱加入，混合拌匀。
5. 加入细盐和过筛的低筋面粉及泡打粉，充分搅拌均匀。
6. 最后加入巧克力豆，充分拌匀。
7. 将面糊放入模具中约八分满，轻震两下。
8. 入炉，以上下火180℃/160℃烤约40分钟，出炉脱模冷却。最后装饰适量的薄荷叶（或迷迭香）即成。

材料

无盐奶油99克
糖粉55克
鸡蛋两个
香橙果酱45克
低筋面粉130克
泡打粉1克
细盐1克
巧克力豆40克
薄荷叶（或迷迭香）适量

焦糖核桃蛋糕 （成品1个）

Jiaotang Hetaodangao

Tips （小贴士）

表面作装饰的核桃仁必须
烤熟才能使用。

材料

A.黄油100克、绵白糖85克

B.鸡蛋两个

C.低筋面粉100克、泡打粉1.5克

D.绵白糖44克、开水13克

E.水5克

F.核桃仁碎50克

准备

1. 在模具内侧和底部抹上黄油，撒上粉，再放入裁剪合适的烘焙纸（防粘）。

2. 在冬天做，黄油要化开1/3或者1/2，搅拌的速度以快速为佳。夏天做搅拌的速度以中速为佳。

3. 所有的粉类材料都要过筛，可以避免出现颗粒与杂质。过筛后，粉类材料会变得更加松散，易于混合。

4. 烤箱提前预热至所需温度。

制作过程

1. 先将材料A放在容器中，搅拌打发。

2. 将材料B分次加入，搅拌均匀。

3. 将材料C过筛后加入，搅匀成面糊，备用。

4. 将材料D混合加热，以中火煮成焦糖色，然后加入材料E拌匀，最后加入材料F充分拌匀，冷却成焦糖核桃液，备用。

5. 将焦糖核桃液倒入备用的面糊中，混合拌匀成蛋糕糊。

6. 将蛋糕糊倒入蛋糕模中，震平，再盖上盖子。

7. 入炉，以上下火180℃/160℃烤约40分钟，出炉稍微冷却，然后脱模，再将垫纸撕掉。

8. 食用时将蛋糕切片即可。

糖霜柠檬蛋糕 （成品3个）
Tangshuang Ningmengdangao

材料

A.鸡蛋3个、绵白糖125克

B.柠檬皮屑10克、柠檬6克　　C.酥油75克

D.牛奶50克　　E.低筋面粉65克

/糖霜材料/ 水5克、糖粉65克、柠檬汁10克

/装饰材料/ 柚子酱适量、开心果碎适量

准备

1.所有的粉类材料都要过筛，可以避免出现颗粒与杂质，还能使粉类材料变得更加松散，易于混合。

2.烤箱提前预热至所需温度。

制作过程

1. 先将材料C隔水化开，备用。

2. 将材料A先以中速拌至糖化，再快速充分打发（拉起来滴到下面的面糊上时，扩散得比较慢即可）。

3. 将材料B加入打发好的蛋液中拌匀。

4. 再加入材料D和备用的材料C，拌匀。

5. 然后加入过筛的材料E，拌匀成面糊。

6. 将面糊装入长条蛋糕模中。

7. 将面糊震平，入炉，以上下火180℃/160℃烤约50分钟，出炉后脱模冷却，备用。

8. 将水、糖粉和柠檬汁混合拌匀成糖霜。

9. 在蛋糕的表面刷上柚子酱，再淋上糖霜，最后在中间放上开心果碎即可。

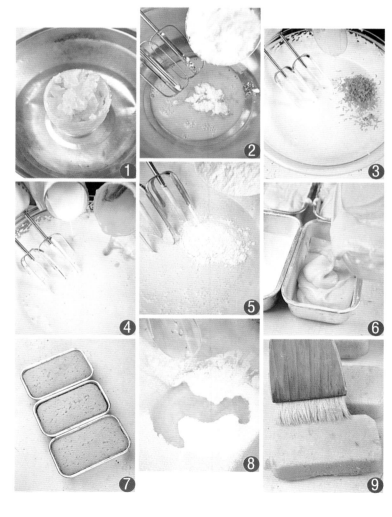

凤梨杏仁蛋糕（成品3个）
Fengli Xingrendangao

材料

无盐奶油100克	低筋面粉95克	杏仁碎25克
糖粉55克	杏仁粉30克	杏仁片20克
蜂蜜53克	泡打粉1.3克	凤梨丁30克
鸡蛋两个	细盐1克	凤梨片4片

制作过程

① 先将模具中刷油撒粉，再在底部垫上白纸，边缘粘上凤梨片，备用。

② 将无盐奶油和糖粉混合，用电动打蛋器以中速搅拌打发。

③ 再加入蜂蜜，搅拌均匀。

④ 分次加入鸡蛋，拌匀。

⑤ 然后加入泡打粉和细盐，混合拌匀。

⑥ 再加入杏仁粉拌匀。

⑦ 接着加入过筛的低筋面粉，充分搅拌均匀。

⑧ 加入杏仁碎和凤梨丁，混合拌匀成蛋糕糊。

⑨ 将蛋糕糊倒入备用的模具中震平，并在表面撒上适量的杏仁片。

⑩ 入炉，以上下火170℃/150℃烤约25分钟，出炉稍微冷却，脱模即可。

银珠香草蛋糕 （成品13个）

Yinzhu Xiangcaodangao

材料

奶油225克
绵白糖205克
鸡蛋4个
低筋面粉252克
香草粉2克
泡打粉2.3克

/香草奶油霜材料/
奶油100克
香草粉3克
绵白糖65克
牛奶15克

/装饰材料/
银珠糖适量

准备

烤箱提前预热
至190℃，备用。

制作过程

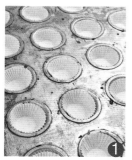
①

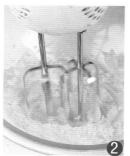
②

③

④

先在烤模中放上烘烤纸托，备用。

将奶油室温回软后用电动打蛋器以中速搅拌均匀。

再加入绵白糖，搅拌打发。

然后分次慢慢加入鸡蛋，拌匀。

⑤

⑥

⑦

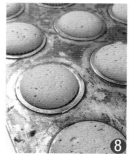
⑧

将蛋糊的周边用橡皮刮刀刮一下。

加入过筛的粉类，充分搅拌均匀成蛋糕糊。

将蛋糕糊装入裱花袋，然后挤在备用的模具中，约八分满。

入炉，以上下火190℃烤约18分钟，出炉冷却，备用。

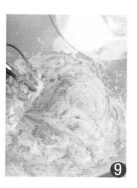
⑨

将奶油打软后加入过筛的香草粉打至微发，再加入绵白糖打发，最后慢慢加入牛奶，充分搅拌均匀，制成香草奶油霜。

⑩

将香草奶油霜装入圆形锯齿花嘴，挤在蛋糕的表面，再撒上银珠糖即可。

乌梅马芬蛋糕

（成品9个）

Wumei Mafendangao

材料

A. 黄油60克、绵白糖25克、红糖60克
B. 鸡蛋1个
C. 低筋面粉160克、泡打粉3克
D. 牛奶60克
E. 乌梅100克

/装饰材料/

乌梅适量

/奶酥材料/

杏仁粉45克、绵白糖33克、低筋面粉46克、细盐1克、黄油40克

准备

1. 将乌梅切开，备用。
2. 将所有的粉类过筛，备用。
3. 根据天气状况将黄油化开1/3或者1/2。

制作过程

先将杏仁粉、绵白糖、低筋面粉、黄油和细盐放在一起混合拌匀，搓成松散状，即为奶酥，备用。

将材料A放入另一容器中，用电动打蛋器以中速混合打发。

再分次加入材料B，混合拌匀。

然后加入过筛的材料C，拌匀。

接着加入材料D，搅拌均匀。

最后将材料E加入其中，充分搅拌均匀成蛋糕糊。

将蛋糕糊装入裱花袋，挤在烘烤纸杯中，约八分满。

在蛋糕糊表面撒上适量的乌梅作为装饰品。

再撒上备用的奶酥。

入炉，以上下火180℃/160℃烤约25分钟即成。

提子马芬蛋糕 （成品8个）

Tizi Mafendangao

材料

黄油60克
绵白糖50克
鸡蛋1个
牛奶50克
低筋面粉100克
泡打粉5克
葡萄干50克
朗姆酒30克

/装饰材料/
葡萄干适量

制作过程

❶
将葡萄干和朗姆酒混合泡软，备用。

❷
将黄油和绵白糖放入容器，用电动打蛋器以中速打发。

❸
分次少量加入蛋液，每次需迅速搅打至完全融合，搅拌至呈乳白色。

❹
接着加入一半过筛的粉类材料，拌匀。

❺
再加入牛奶，拌匀。

❻
然后加入剩余的过筛粉类材料，搅拌均匀成面糊。

❼
最后将备用的酒渍葡萄干和面糊混合拌匀，成蛋糕糊。

❽
将蛋糕糊装入裱花袋中，挤入模具，约八分满。

❾
最后在蛋糕糊表面撒上一些葡萄干。

❿
入炉，在提前预热好的烤箱中以上下火170℃烤约25分钟即成。

椰香红豆马芬蛋糕

（成品4个） *Yexianghongdou Mafendangao*

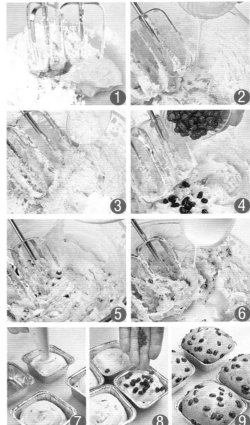

材料

A.绵白糖45克、黄油50克

B.鸡蛋1个

C.椰蓉10克

D.蜜红豆50克

E.低筋面粉100克、泡打粉1.3克

F.椰浆70克

/装饰材料/

蜜红豆适量

准备

1.低筋面粉加泡打粉混合过筛，备用。

2.室温下将黄油软化，备用。

制作过程

1. 将材料A用电动打蛋器以低速转中速打发。

2. 再分次少量加入材料B，每次需迅速搅打至完全融合，方可继续加入。

3. 接着加入材料C搅拌均匀。

4. 然后加入材料D搅拌均匀。

5. 再将过筛的材料E加入，搅拌均匀成面糊。

6. 在面糊中加入材料F，充分搅拌均匀成蛋糕糊。

7. 将蛋糕糊装入裱花袋中，然后挤入模具内，至七分满。

8. 在蛋糕糊表面再撒一些蜜红豆作为装饰品。

9. 入炉，以上下火175℃烤22～25分钟即可。

杏仁巧克力马芬蛋糕

（成品6个） *Xingrenqiaokeli Mafendangao*

材料

A.低筋面粉85克、可可粉15克、
　泡打粉15克
B.黄油65克、绵白糖60克
C.鸡蛋1个
D.淡奶油60克
E.耐烘烤巧克力豆50克
/装饰材料/
杏仁片少许

准备

1.将材料A分别过筛，备用。
2.黄油在室温下软化，备用。

制作过程

1. 将材料B用电动打蛋器以低速转中速搅拌至膨胀。

2. 再分次少量地加入材料C，每次均需迅速搅打至蛋、油完全融合，方可继续加入。

3. 再加入一半过筛粉类材料和一半的淡奶油，搅拌均匀。

4. 然后加入剩下的过筛粉类及淡奶油，继续拌匀。

5. 接着加入耐烘烤巧克力豆，用橡皮刮刀拌匀成蛋糕糊。

6. 将蛋糕糊装入裱花袋中，挤入模具内至七分满。

7. 在蛋糕糊表面撒一些杏仁片作为装饰品。

8. 入炉，以上下火170℃，烤约26分钟即可。

卡士达抹茶蛋糕

Kashida Mochadangao

（成品6个）

材料

/蛋糕面糊材料/

A.黄油100克、绵白糖80克

B.鸡蛋两个

C.低筋面粉90克

/抹茶卡士达酱材料/

A.蛋黄1个、绵白糖23克

B.低筋面粉20克

C.牛奶100克、白开水10克

D.抹茶粉5克

E.鲜奶油50克

/装饰材料/

香蕉干碎片适量

准备

1.将所有的粉类材料过筛，备用。

2.根据天气状况，将黄油化开1/3或者1/2。

抹茶卡士达酱制作过程（图示如上）

1. 将抹茶卡士达酱材料A混合，搅拌均匀。
2. 接着加入过筛的材料B，充分拌匀成蛋液。
3. 将材料C加热煮沸。
4. 将材料C慢慢倒入蛋黄液中拌匀，再以边煮边搅的方式煮成糊状，制成蛋奶糊。
5. 再将材料D过筛后和蛋奶糊混合拌匀成抹茶糊。
6. 将材料E放在容器中，搅拌打发。
7. 最后将打发奶油和抹茶糊混合拌匀，即成抹茶卡士达酱。

卡士达抹茶蛋糕制作过程（图示如下）

1. 将蛋糕面糊材料A搅拌打发至呈乳化状。
2. 再分次加入蛋糕面糊材料B，搅拌均匀。
3. 最后将过筛的蛋糕面糊材料C加入，拌匀。
4. 将蛋糕面糊装入裱花袋，然后挤在纸杯中，约八分满。
5. 入炉，以上下火180℃/160℃烤约25分钟。
6. 在烤好冷却的蛋糕表面挤上抹茶卡士达酱。
7. 最后在表面撒上适量的香蕉干碎片即可。

抹茶杯子蛋糕

（成品12个） *Mocha Beizidangao*

材料

/蛋糕面糊材料/

奶油245克
绵白糖230克
鸡蛋4个
低筋面粉215克

抹茶粉6克
泡打粉1.5克
鲜奶油16克
/抹茶奶油霜材料/
无盐奶油95克

绵白糖60克
牛奶15克
抹茶粉10克
/装饰材料/
红豆适量

准备

1.烤箱预热至170℃。
2.西梅切碎，备用。
3.核桃仁烤熟，冷却压碎，备用。
4.粉类材料过筛，备用。

制作过程

1. 将奶油放于室温环境下回软后，加绵白糖搅拌打发。
2. 再分次慢慢加入鸡蛋液，拌匀。
3. 接着加入过筛的抹茶粉和泡打粉，拌匀。
4. 然后加入过筛的低筋面粉，拌匀。
5. 最后加入鲜奶油，充分拌匀成面糊。
6. 将面糊装入裱花袋，挤在备用的模具中，约八分满。
7. 入炉，以上下火190℃/180℃烤约17分钟，出炉冷却备用。
8. 将无盐奶油、抹茶粉打至微发，然后加入绵白糖打发，再慢慢加入牛奶，充分搅拌均匀，即成抹茶奶油霜。
9. 将抹茶奶油霜装入裱花袋，用裱花嘴挤在蛋糕的表面，再撒上蜜红豆即可。

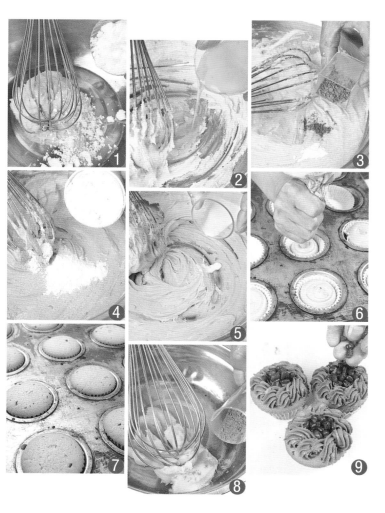

桂花杯子蛋糕

（成品12个）

Guihua Beizidangao

材料

/蛋糕面糊材料/

奶油225克

绵白糖210克

鸡蛋4个

低筋面粉250克

桂花酱5克

泡打粉2.5克

/装饰材料/

鲜奶油适量

桂花酱适量

制作过程

1. 将奶油放于室温环境下回软后拌成泥状。

2. 再加入绵白糖,用电动打蛋器以中速搅拌打发。

3. 然后加入桂花酱,搅拌均匀。

4. 将鸡蛋分次慢慢加入,搅拌均匀。

5. 再加入事先过筛好的低筋面粉和泡打粉,充分拌匀成面糊。

6. 接着将面糊装入裱花袋,然后挤在备用的模具中约八分满。

7. 入炉,以上下火190℃/180℃烤约25分钟,出炉,冷却备用。

8. 将鲜奶油打发好。

9. 将打发好的鲜奶油装入裱花袋中,用圆形锯齿花嘴挤在蛋糕的表面,再淋上适量的桂花酱即可。

蓝莓枫糖蛋糕

（成品2个） *Lanmei Fengtangdangao*

材料

/蛋糕面糊材料/

A. 蛋白4个

　　枫糖70克

　　绵白糖25克

B. 蛋黄两个

C. 低筋面粉65克

　　玉米淀粉15克

D. 牛奶36克

　　色拉油28克

/栗子奶油馅料/

A. 蛋黄两个

　　低筋面粉5克

　　玉米淀粉5克

B. 地瓜泥110克

C. 奶油20克、牛奶

　　170克、枫糖100克

D. 淡奶油100克

/装饰材料/

草莓、蓝莓各适量

准备

1. 所有的粉类材料提前过筛，备用。

2. 烤模中垫上烘焙油纸，备用。

3. 烤箱事先预热至所需温度。

蓝莓枫糖蛋糕制作过程（图示如下）

1. 将蛋糕面糊材料A放在另一容器中，搅拌打发至湿性发泡。

2. 然后将面糊材料B加入其中，打发。

3. 再加入过筛的面糊材料C，充分拌匀。

4. 慢慢加入面糊材料D，混合拌匀。

5. 再将面糊倒入垫纸的烤模中抹平。

6. 入炉，以上下火200℃/140℃烤约14分钟，出炉冷却备用。

7. 将蛋糕倒扣在白纸上，撕掉垫纸，然后抹上备用的馅料，再卷起来放进冰箱冷藏松弛10分钟，切成2等份，再摆上装饰材料即可。

栗子奶油馅料制作过程（图示如上）

1. 将栗子奶油馅料中的材料A混合拌匀。

2. 再加入材料B。

3. 然后充分搅拌均匀成蛋糊，备用。

4. 将材料C混合，拌匀。

5. 加热煮沸材料C。

6. 将煮沸的材料C慢慢加入备用的蛋糊中，混合拌匀。

7. 再以边煮边搅的方式煮成糊状。

8. 将材料D放在容器中搅拌打发，再和煮好的糊混合拌匀，即成栗子奶油馅料，备用。

苹果起司蛋糕

（成品30个）

Pingguo Qisidangao

材料

A.绵白糖80克、全蛋4个

B.低筋面粉110克、泡打粉2克

C.罐头橘子水30克

D.苹果丁50克、起司片2片（撕碎）

E.苹果1/2个

准备

1.模具垫纸模，备用。

2.所有粉类材料均过筛，备用。

3.苹果切丁、切薄片，备用。

4.将烤箱以上下火170℃/160℃预热。

制作过程

1. 将材料A放在一起，用电动打蛋器打发至呈现乳白色、拉起后约10秒钟不滴落。

2. 再加入过筛的材料B，拌匀。

3. 然后加入罐头橘子水，拌匀。

4. 最后加入苹果丁和撕碎的起司片，拌匀成蛋糕糊。

5. 将蛋糕糊装入裱花袋，分别挤入垫纸的烤模中约八分满。

6. 再轻轻震一下。

7. 最后在蛋糕糊的表面放上苹果薄片。

8. 放入烤箱，以上下火170℃/160℃烤20～25分钟即可。

普罗旺斯风味
咸蛋糕

Puluowangsifengwei Xiandangao

（成品1个）

材料

/面糊材料/

鸡蛋两个、牛奶100克、蛋黄酱20克、蒜粉2克、发粉3克、低筋面粉100克、风干番茄13颗、起司丝40克

/装饰材料/

黑橄榄10颗、青橄榄4颗、奶油起司60克

制作过程

1. 先将鸡蛋、牛奶放入容器中，用电动打蛋器以中速混合拌匀。

2. 再加入过筛的发粉和蒜粉，轻轻搅拌。

3. 接着加入过筛的低筋面粉，搅拌均匀。

4. 加入风干番茄，拌匀。

5. 最后加入起司丝，搅拌均匀，制成蛋糕糊。

6. 将蛋糕糊倒入模具中。

7. 再将装饰用的青橄榄、黑橄榄、奶油起司摆放在表面。

8. 送进预热至180℃的烤箱内烘烤30～40分钟，然后冷却，脱模切片即可。

地瓜蛋糕
Digua Dangao
（成品11个）

Tips

　　放在面糊内部的坚果必须烤熟，表面
装饰的坚果要用没有烤过的。

材料 ......

地瓜260克   玉米淀粉20克
绵白糖90克   低筋面粉160克
杏仁粉100克   杏仁碎30克
奶油60克   杏仁粒（切碎）40克
全蛋6个   /装饰材料/
泡打粉6克   杏仁粒适量

准备 ......

1. 烤箱使用上下火180℃/160℃预热。
2. 地瓜可蒸熟或烤熟，压成泥状备用。
3. 所有粉类材料先过筛备用，杏仁粉颗粒较大，如筛不过也无妨。
4. 准备11个小型纸杯模。

制作过程 ......

1. 将熟地瓜泥、杏仁粉、绵白糖放入容器，一起搅拌均匀。

2. 再加入奶油，搅拌均匀。

3. 然后加入全蛋，搅拌均匀。

4. 接着加入过筛的玉米淀粉和泡打粉，拌匀。

5. 加入过筛的低筋面粉，拌匀。

6. 最后加入杏仁碎和杏仁粒，拌匀成面糊。

7. 将面糊装入裱花袋，挤入纸杯模中，约八分满。

8. 最后在面糊表面撒上装饰杏仁粒。

9. 放入烤箱，以上下火180℃/160℃烘烤约33分钟即可。

木莓天鹅蛋糕 （成品2个）

Mumei Tian'edangao

材料

/蛋糕面糊材料/
全蛋4个
绵白糖90克
蜂蜜45克
低筋面粉75克

/木莓果酱奶油材料/
鲜奶油150克
覆盆子果酱150克
覆盆子利口酒15克

/装饰材料/
蓝莓数颗

制作过程

1. 先将全蛋和绵白糖一起放在容器中，用电动打蛋器以慢速拌至糖化。

2. 再快速搅拌至均匀起泡，拉起后滴落扩散得比较慢方可。

3. 接着将蜂蜜加入，充分混合，避免沉淀在底部。

4. 再加入过筛后的低筋面粉混合，搅拌的方式是用橡皮刮刀从钵盆的中央底部舀起，往外搅开来，直至面糊产生光泽。

5. 将面糊倒进铺有烘焙纸的烤盘中，用抹刀将表面抹平，轻震一下。

6. 入炉，以上下火200℃/160℃烘烤10分钟，烤好冷却备用。

7. 将鲜奶油打至七分发泡，加入覆盆子果酱和利口酒搅拌均匀，备用。

8. 将蛋糕倒扣在白纸上，撕掉底部的垫纸，抹上木莓果酱奶油，小心地卷成形状端正的圆柱形，尾端要拉到下方，用铺着的纸包卷住，放进冰箱冷藏定形。

9. 最后将蛋糕卷用锯齿刀切成两个，表面装饰上蓝莓颗粒即可。

软嫩面包

面包是全球范围内最重要、最常见的食品。它是大自然的无私馈赠，也是通过人类智慧创造出来的美味奇迹。它以黑麦、小麦等粮食作物为原料，研磨成粉，辅以水、盐、酵母等材料，制成面团生坯，然后以烘、烤、蒸等方式加热制成。

制作面包的基本步骤

只要做好以下基本操作，就可以做出较为满意的面包。

（1） 准备工作

在正式制作面包前，需要做一些准备工作。

①要确认面包制作工具齐全。

②把需要用秤称量的材料准备好。材料一般分为干性材料和湿性材料，其中干性材料包括面粉、酵母、盐、糖、奶粉、麦芽精等；湿性材料包括牛奶、水、鸡蛋等。

③开始称量分量较多的材料。

④使用量勺称量分量较少的材料，如酵母等。

在称量好材料后，就可以开始制作面包了。

（2） 和面

搅拌机和面

把干性材料混合好，放入盆中。把湿性材料混合在一起，备用。

如果有搅拌机，可倒入搅拌机内直接进行搅拌。面团在搅拌机内的搅拌过程会经过以下四个阶段。

 →  → 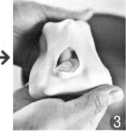 →

❶	❷	❸	❹
将干性材料倒入搅拌机，然后将湿性材料倒入，搅拌均匀，形成湿黏的面糊状态，没有弹性和伸展性，即水化阶段（如果配方中湿性材料较少，则会形成面团状态）。	继续搅拌，会到面团卷起阶段。由于面团具有吸湿性，这时面团会变干燥，而不会粘附在面缸上。面团表面硬而粗糙，没有光泽，有一些粘手，缺乏弹性和伸展性，用手拉面团，它容易断裂。	第三个阶段，即面团扩展阶段。面团表面呈现出光泽，面团结实而有弹性。这时面筋开始扩展，面团仍然有黏性会粘附在面缸上，用手拉时，面团具有一定的伸展性，但还是容易断裂。	第四阶段，面团扩展完成阶段。这时面团的弹性得到了充分扩张，整个面团挺立而柔软，表面光滑细腻，整洁而没有粗糙感。用手拉面团会感到它具有良好的伸展性及弹性。

手动和面

如果没有搅拌机，就需要直接用手揉面，最后也要达到面团扩展完成阶段。

首先，把干性材料和湿性材料混合在一起。
接下来，放到揉面台上，进行初步的揉和。让面团基本成型、软硬统一，然后进入主要揉面过程。
主要揉面可以根据揉和的面团质地的不同，分为两种方法。

· 揉软面，即质地较软的面团的揉和。一般是松质或者软质面包面团的揉和。

❶ 双手持面团。

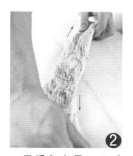

❷ 一只手向上另一只手向下，揉搓面团。

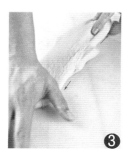

❸ 利用揉面台使它们互相摩擦。

❹ 然后包入奶油揉匀。

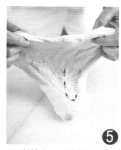

❺ 一边摔打一边揉和。

❻ 把手指插到面团的底部，然后拿起面团。

❼ 将面团翻转，在揉面台上摔打面团下半部分。

❽ 拉起面团的两端，能形成薄膜即可。

· 揉硬面，即质地较硬的面团的揉和。一般是硬皮或者脆皮面包面团的揉和。

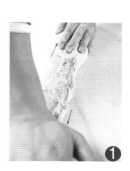

❶

双手持面团，一手向上另一手向下，用力揉搓面团。

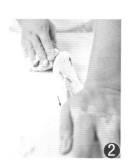

❷

利用揉面台使它们互相摩擦，使面团混合到硬度均匀的程度，然后用刮板整合成团，揉和。

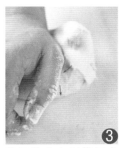

③

在工作台上以推压方式揉和。

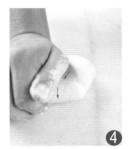

④

揉和时要不断变化角度。

⑤

揉和到质地变得光滑。

⑥

可以拉出薄膜即成。

（3）　基本醒发

　　面团揉好后，要进行第一次醒发，即基本醒发。

　　在基本醒发阶段，要注意发酵的温度和湿度。一般来说，最适宜发酵的温度是28~40℃，湿度是70%~80%。发酵时要选好发酵场所，一般选在潮湿温热的地方。

可以在专用的醒发箱或者有醒发功能的烤箱里发酵。

可以把面团放在塑料袋里，再把塑料袋放入温度在30~40℃的热水中进行发酵。

可以把面团放入温暖湿润的环境中（如没有阳光直射的窗台或者浴室中）。经过一段时间后，面团体积会膨胀为原来的1.5~2倍。

可以通过手指测试，来判断面团有没有醒发好。手指插入面团后会出现右图所示三种情形。

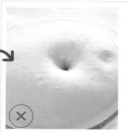

情形①，面团的凹陷还原。这种情况说明面团尚未发酵完全，需要继续发酵。

情形②，面团凹陷保持不变。这就表示面团已经发酵完全，可以进行下一步操作。

情形③，面团的凹陷萎缩，或者表面产生气泡。这说明发酵已经过度，但也无法补救，应继续进行下一步操作。

一次发酵

　　发酵时的温度、湿度和时间都是非常重要的。发酵失败一般都是因为发酵过度或者发酵不足。发酵过度面包酸味和臭味强烈，发酵不足粉味重，所以判断发酵是否完成至关重要。一般来说判断一次发酵是否完成，主要看面团膨胀后体积是否达到了原先的两倍左右。

重申发酵时间对面团的影响

①未成熟的面团（发酵时间不足 ）

　　＊面团不具有伸展性，面团表面比较湿润。

　　＊用食指压面团至第二关节，拿开后，被压部分很快反弹至初始状态，一般情况下这个状态表明发酵不足。

＊面筋里的纤维较粗。

②成熟的面团（发酵时间正好）

＊有适度的弹性和伸展性，并且也很柔软。

＊面团拉薄后，表面有微干的感觉。

＊面团包含细小的气泡。用双手把面团轻轻拉开，可以看到面团的纤维结构比较纤细。

＊闻起来有酒精味，并带有少许酸臭味。

③成熟过度的面团（发酵时间过长）

＊面团的表面干燥，面团的伸展性较差，容易被拉断。

＊面团用两手拉开，气泡比较粗大，面筋的纤维容易被切断，酸臭味也比较强。

＊出现酸臭气味，是因为酵母发酵过多，面团变成酸性。（最适合的面团为弱酸性）

发酵时间不同，面包制品的状态如下：

外观/发酵状态	发酵不足	发酵适当	发酵过度
表皮色泽	色泽浓厚（红褐色）	色泽为金褐色	色泽偏白，表皮有皱痕
体积	体积较小	体积适当	体积非常小

（4） 拍打

把面团在发酵中所产生的气体通过拍打排出，这是制作面包非常重要的一个步骤。

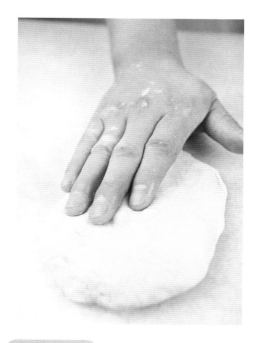

拍打的作用

①使面团保持一定的温度。

②使酵母移动，得到新的营养物质，加快其活动。

③排出废气，汲取新的空气，缩短面团的成熟时间。

④使面团中的气泡变细，面团组织结构变得更细腻。

⑤使面筋的薄膜韧性增强，有助于面包的膨胀，使面包体积变大。

一次膨胀使的面团经拍打排出气体的过程，对面包的再次膨胀具有很重要的作用。排出气体之后可以使面团继续发酵，称为二次发酵。

拍打的过程

①把面团放在台面上，从中间向四周轻微拍打、压平（力道均匀）。

②三折二叠法，把拍平后的面团从左右两端各三分之一处向内折叠，然后上下三分之一处再对折。

③翻转，光滑面向上放入周转箱，面团再次发酵为体积是原面团的两倍为好。

排出气体的注意点

①操作台和手要经过消毒，擦拭干，以防不干净的物质混入面团，改变面包的性质。

②排出气体是使面团中的发酵气体大部分排出的操作过程。但假如气体全部排出，对于最终发酵和面团的状态就会有恶劣的影响，因此，拍打面团要注意力度适当。

（5） 分割、搓圆

这是发酵和造型过程中不可缺少的步骤。

把面团进行分割后再搓圆，这个操作步骤对面筋有很重要的影响，操作这个步骤时速度要快，速度过慢会导致面筋提前发酵。

分割：把面团分割成更小的小块。分割的基本动作有"切"和"称量"两种。

①切：切断面团。将面团切成长条，再分成小块面团，准备过秤。

②称量：将每个面团过秤，以多退少补的方式，将每个面团分出所需要的重量，称量后再滚圆。

切

滚圆：进行滚圆操作一般使用三种手势。

抓：将手掌张开，顺着面团的形状弯曲，轻轻抓住面团往下拉（不必用力）。

推：将手中的面团前推，此时面团并没有滚动，只是使面团内部的部分气体消失，面团被推长即停，手掌仍然以此姿势推住面团重复动作。

滚动：将四指并拢，指尖向内弯曲，轻微地左右移动（滚动），使手掌中的面团稍有转动，面团自然由其他形变成圆形。面团内部因为滚动失去部分气体，体积缩小。

搓圆的目的

①面团分割之后，断切面会导致二氧化碳的排出。搓圆后可以在表面形成保护膜，阻止二氧化碳的排出。

②分割之后，面包需要做成各种形状。搓圆可以使面团形状均一，为做好各种造型做准备。

③搓圆之后，面团更容易整形。

（6） 松弛（中间发酵）

刚滚圆的面团如果立即进行整形，面团的筋度会非常强韧，且容易引起面筋收缩，导致形状不齐。需要静置一段时间，使其膨胀松弛，以利于整形。

松弛的作用

①进行再发酵，使面团成熟，增加美味口感。

②分割搓圆后的面团，因为面筋被切割，有一定程度的缩小，松弛可以使面团再次膨胀起来。

③搓圆后的面团比较紧实，松弛后的面团不仅变得柔软，而且有伸展性，面包的整形也会变得非常容易。

④松弛后的面团，表面会形成薄膜，这就可以防止成型面团出现粘黏。

松弛的步骤

①所有搓圆的面团间隔地摆在操作台上，用保鲜膜盖上。

②一般来说，小的面团松弛时间一般都在15~20分钟；大的面团或弹力较强的面团一般在20~30分钟；搓圆后在26~28℃下松弛即可。

松弛的注意点

①选择没有水蒸气的场所。

②为了防止面团表面干燥，可以用保鲜膜或帆布之类覆盖。如果在干燥的空间内操作，要在帆布上喷上适量的水分。

③松弛的时候，面团有一定的膨胀，所以面团摆放要有一定的间隔空间。

（7） 造型

所谓造型，就是把面团修整成想要的形状。看到面团从自己手中做出不同形状的面包，会有别样的乐趣。

造型一共有16种手法，在制作面包时都可以用到。

①滚：主要目的是使面团气泡消失，面团富有光泽且内部均匀，形状完整。

①-1　　　**①-2**　　　**①-3**

较小的面团滚圆。（见图**①**-1~**①**-3）

①-4

大面团滚圆。（图**①**-4）

②包：将面团轻轻压扁，底部朝上，将馅料放在中间，用拇指与食指拉取周围面团包住馅料。

③压：将中间醒发完成的面团底部朝下，四指并拢，轻轻将面团压扁（主要配合包馅的需求）。

④捏：动作要领是用拇指和食指抓住面团。面团包入馅料后，必须用捏的方法把接口捏紧。

⑤摔：手抓住面团用力摔在桌面上，而手依然抓住面团。

⑥拍：拍是指四指并拢在面团上轻轻拍打，这个动作是为了将面团中的气体挤压出来。

⑦挤：四指并拢，以半卷半挤的方式，将面团做成棒形或橄榄形。

⑧擀：手持擀面棍将面团擀平或擀薄，这种方式称为擀。

⑨折叠：将擀平或擀薄的面团，以折叠的方式操作，使烤好的面包呈现若干层次的一种方法（大多用于制作丹麦面包）。

⑩卷：将擀薄的面团从头到尾用手滚动的方式，由小到大地卷成圆筒状。

⑪拉：将面团加宽加长，以配合整形需要的方法。

⑫转：以双手抓住面团的两端，朝相反方向扭转，使面包造型更富于变化。

⑬搓：运用手掌的压力，以前后搓动的方式，让面团变成细长状。

⑯捶：以手掌的拇指球部位大力捶打正在成型中的面团，将面团中的气体排出，使成型好的面包接口粘紧，更为结实，增加面团的发酵膨胀力，增加面包烘烤弹性。

⑭切：切断面团，做出各种形状。

⑮割：在面团表面划上裂口，并没有切断面团的方法称为割。

造型的作用

①制作各种各样的面包，同一种面团可以通过不同的手法呈现不同形状，从而丰富面包的种类。

②可以使面团中的气泡变得均匀细小，在烤制的时候面团可以比较均匀地膨胀。

③面团的外部可以呈现与内部相适宜的纹理，面包的口感更好。

④有助于面包的发酵。

⑤成型赋予了面团比较大的力量，可以使柔软的面团在最终发酵时没有特别松软的感觉。

（8） 装模、整形

面团经整形后应立即放入模具或烤盘中。装入模具或烤盘时面团的接合处必须朝下，防止面团在最后发酵或烘烤时裂开。此外，也必须注意烤模和模具的温度，在常温状态下进行操作，最高的温度不得高于最后的发酵室的温度（38℃）。太热或太冷均会影响面包发酵速率，并造成面包发酵不均，导致面包内部组织粗细不一。

整形的重要性

面团经过适当的松弛之后，将其整形出理想的形状，如圆形、长条形、橄榄形及吐司标准形等，再放入烤模中或平烤盘上。整形过程步骤是否准确，面团与面团之间距离是否妥当，都关系着面包内部组织及外表形状是否合适。整形严重影响产品品质，不可疏忽。

所有面团中的气泡在装模时应被挤出，留在面团中的气泡由整形压小。面团内部组织较均匀，则烤出来的面包内部组织也会均匀细致，否则留在面团中的气泡，将会使产品在烘焙过程中产生过大的气洞。

（9） 最终发酵

最终发酵又被称为"第二发酵"。最终发酵面团的温度上升使酵母的反应加快，在发酵的过程中产生二氧化碳和各种有机酸，从而使面筋软化，面团具有了伸展性。此外，最终发酵在烘烤的过程中，有助于面包膨胀，而且面包传热性也比较好，还可以使面团生成一些芳香的物质。

发酵的条件

温度有助于酵母的发酵，一般来说，可以设定较高一点的温度。如果温度过低的话，面团表面会干燥，面团的伸展性变差，导致面团的外皮变得很硬。湿度也会对面团发酵产生影响。如果湿度过高，面团的表面具有了粘黏性，面团吸收水分过多，表面变成了浆糊状，最终导致烘烤后的面团表皮会很厚。

最终发酵的时间

一般来说，最终发酵需要的时间在温度和湿度相同的情况下，会因为面包的种类、酵母的量、制作的方法、面团的成熟度和成型时候拍打的力度等不同而不同。一般来说，最终发酵完成后，面团膨胀的程度一般是成型面包的80%为好。

最终发酵的时间长短对产品的影响

如果最终发酵的时间过短：

①成型时面包的损伤并没有恢复，所以面团具有伸展性。而且面包内气体含量少，面团的体积比较小。

②面包的内部纹理是圆形的，面筋的膜比较厚。

③在烤制的时候热的传导性很差，所以面包水分含量比较多，比普通的面包稍重。

④面包的色泽比较普通，一般的情况下，含糖量较多色泽较浓，但是由于面团的体积较小，所以也就没有高度了，面团的上部距离烤箱顶壁较远，所以面包的色泽也较淡（偏白）。但是面包的底部比标准的面包较浓，这是面包含糖较多的表现。

⑤一般情况下发酵的时间比较长，面包酸臭味就较浓，但是烘烤时面团内的热传导

性比较好，这些酸臭味可以消失。发酵时间短，也会有酸臭味，并不易消失。

⑥面包具有面粉味。

如果最终发酵的时间过长：

①面包内部的气孔比较粗大。

②刚烤好的面包酸臭味比较大，但是放一段时间这个味道就会消失。

最终发酵成功的判决方法

①面团的体积是烤制好的面包体积的80%左右。

②面团的体积是成型时体积的2倍左右。

③当面团达到柔软的程度，而且薄膜也非常薄，达到了半透明的感觉，最终用手指轻轻触碰，有凹进去的现象，就是最终发酵成功的标志。

不同类型的面包，最终发酵后状态是有所区别的。例如以下三种面包：

吐司面包

发酵前　　　　　　　发酵后

酥皮面包

发酵前　　　　　　　发酵后

黑麦面包

发酵前

发酵后

从藤模中脱出

（10） 烘烤

烘烤前一定要先把烤箱预热，这样才能保证面包内部全熟，烤出来的面包才会色泽均匀。在烘烤时要时刻注意烘烤的时间，注意观察面包的颜色，以免烘烤过度。

烘烤过度

烘烤后，要迅速从托盘上取出面包，冷却。有模具的面包要迅速脱模，以免面包形状发生改变，影响美观。

（11） 面包烘焙小常识

在烤箱中，面团膨胀的两个要点

①在发酵时形成二氧化碳，而且烤制的时候酵母也产生气体，使面包膨胀（在60℃之上酵母的发酵活性就没有了）。

②水分气化会导致面团变得膨胀起来。

面团变化所需温度

①酵母的活动：-60℃停止，6℃休眠

②淀粉的糊化（α化）：-56℃~100℃

③面筋的固化：75℃~120℃

④美拉德反应：150℃以上

⑤焦糖反应：160℃

其中，第4点和第5点变化与面包的色泽有着极为重要的关系。

面团中热的传导方法

①**放射（辐射）** 利用热源或红外线等所积存的热量进行热放射。

②**对流** 在烤箱内热量随着空气流动而流动。

③**传导** 在烤箱内热量从面包的底部向上直接进行热的传导。

烤箱内面团的变化

第一阶段 在烤面包的全部时间段，最初的20%~30%的时间内，面团中的气体急速膨胀。面团的表面柔软并且在伸展，这被称为烤箱内面团的伸展。面团的温度达到60℃以上后，酵母失去作用，56℃~120℃的时候，淀粉开始糊化，而且面筋开始凝固，面团开始变化，面包的骨骼开始形成。

第二阶段 这个阶段在35%~40%的时间段内，160℃左右时面包的表皮开始形成，外表形成黄金褐色的表皮，还有面包独特的风味。

第三阶段 这个阶段一般在剩下25%~30%的时间段内，面包的中心部也开始加热，这个时候，水分慢慢蒸发，淀粉糊化大量增加，中心温度达到99℃。这个时期，由于水分的蒸发，面包的体积稍微变小了些。

不同条件下面包的烧制状态

①低温烤制

低温烤制时，酵母的活化时间较长，酵素活性的衰弱延缓，面筋的凝固也推迟，面包的外表形成也推迟了，烤制好的制品表皮薄而且柔软。由于面包的"骨骼"没有完全形成，面团的中心温度较难升高，水分的蒸发比较少，α淀粉也比较少，面包的内部柔软但残留水分没有弹力，酸臭味比较强，粉味比较重。

②高温烤制

高温烤制，表皮早早就凝固，而且体积小，高温烤制的面包表皮也很厚，而且硬，色泽浓，内部的水分也比较多，α淀粉也比较多，有弹力，但面包的表皮比较干燥。

③短时间烤制

面包颜色较薄，表皮柔软。面包内部没有弹性，特别是中心的部分，水分残留比较多。酸臭的酒精味比较重，粉的味道也比较重，和低温烧制状态差不多。

④长时间烤制

面包色泽浓，表皮又硬又厚。面包的水分被蒸发，比较干燥。和高温烤制相同，但是内部水分分布有差异，高温烤制的面包表皮水分比较少，长时间烤制的面包整体的水分都比较少。

温馨提示

在本章节中，用料中的百分比，是材料重量与面粉重量的比例，面粉一般指高筋面粉（有时也有低筋面粉，两者加起来就是面粉重量）。比如，材料中用到砂糖10克、面粉250克，这里砂糖比例就是10/250*100%=4%。

在实际操作中，面粉的称量往往不会那么精确，手工分面团重量也会有差错。大家需要灵活掌握一个原则——配方中各材料比例正确即可。

本书中的汤种是指1份面粉，5份水制成的面糊，混合在一起搅拌均匀至无颗粒后，小火加热至70℃离火。加热过程中不断搅拌，等看到锅边起小泡泡，面糊不断变得浓稠，而且会留下搅拌的痕迹的时候，就可以离火了。盖上保鲜膜，冷却到室温即可用。若冷藏到第二天用，效果更佳。

软质面包

夏威夷小面包

（成品10个） *Xiaweiyi Xiaomianbao*

① ② ③ ④ ⑤ ⑥ ⑦

材料

高筋面粉250克（100%）

砂糖15克（6%）

盐3.5克（1.4%）

蜂蜜20克（8%）

干酵母2.5克（1%）

牛奶150克（60%）

/表面装饰/

低筋面粉适量

制作过程

1. 将所有材料一起搅拌，至面团拉开面膜即可，以室温30℃，发酵40分钟。

2. 将面团分割成40克/个的小面团，分别滚圆，松弛20分钟。

3. 再将分割好的面团一分为二，滚圆。

4. 将面团两个一组放入纸托。

5. 以温度30℃、湿度75%，发酵40分钟。

6. 发酵好后，在面团表面撒上低筋面粉。

7. 入烤箱，以上火200℃、下火180℃，烘烤13分钟即成。

玉米鲜奶吐司

（成品2个）　*Yumi Xiannai Tusi*

材料

高筋面粉500克（100%）

砂糖60克（12%）

盐7克（1.4%）

干酵母5克（1%）

鸡蛋100克（约2个）（20%）

牛奶240克（48%）

黄油80克（16%）

/表面装饰/

玉米碎适量

蛋液适量

制作过程

1. 将干性和湿性材料一起搅拌，至面团表面光滑后加入黄油，再搅拌至面团拉开光滑面膜即可。

2. 以室温30℃，发酵50分钟。

3. 将大面团分割成150克/个的小面团，分别滚圆，松弛20分钟。

4. 将面团擀开。

5. 卷成圆柱状。

6. 再放入450克吐司模具，以温度30℃、湿度75%，发酵60分钟。

7. 发酵好后，表面刷上蛋液。

8. 撒上玉米碎。

9. 放入烤箱，以上火170℃、下火210℃，烘烤25分钟即成。

栗子面包 （成品4个）
Lizi Mianbao

甜面团材料

高筋面粉400克（80%）

低筋面粉100克（20%）

砂糖100克（20%）

盐6克（1.2%）

干酵母5克（1%）

鸡蛋液60克（约1个）（12%）

汤种100克（20%）

牛奶250克（50%）

黄油60克（12%）

/菠萝皮/

黄油50克

糖粉60克

鸡蛋20克

奶粉7克

低筋面粉80克

甜面团制作过程

① 将干性和湿性材料一起倒入搅拌机中搅拌。

② 搅拌至面团表面光滑有弹性，加入黄油。

③ 再搅拌至面团能拉开光滑面膜即可。

④ 以室温30℃，发酵50分钟，即成甜面团。

栗子面包材料

甜面团160克	/馅料/	/表面装饰/
	栗子馅100克	糖霜适量
		栗子4颗
		蛋液适量

制作过程

1. 将发酵好的大面团分割成40克/个的小面团，分别滚圆，松弛20分钟。

2. 将面团按压排气。

3. 然后包入栗子馅。

4. 把接口压捏紧。

5. 接着放入纸托中。

6. 以温度30℃、湿度75%，发酵40分钟。

7. 发酵好后，表面刷上蛋液。

8. 放入烤箱，以上火200℃、下火180℃，烘烤13分钟，出炉冷却后挤上糖霜。

9. 最后放上栗子即可。

牛奶面包 （成品3个）
Niunai Mianbao

 ①  ②  ③  ④

材料

甜面团（制法见70页）
180克
/表面装饰/
低筋面粉适量

制作过程

1. 将发酵完成的面团分割成60克/个，分别滚圆。

2. 放入纸托，以温度30℃、湿度75%，发酵50分钟。

3. 发酵完成后，表面撒上低筋面粉。

4. 放入烤箱，以上火200℃、下火180℃，烘烤13分钟即可。

巧克力面包

（成品3个） *Qiaokeli Mianbao*

材料

甜面团（制法见70页）
180克

/馅料/
巧克力豆90克

/表面装饰/
墨西哥酱适量
巧克力豆适量

制作过程

1. 将发酵完成的大面团分割成60克/个的小面团，分别滚圆，松弛20分钟。

2. 将巧克力豆包入面团。

3. 放入纸托中，以温度30℃、湿度75%，发酵50分钟。

4. 发酵好后，表面挤上墨西哥酱。

5. 再撒上巧克力豆。

6. 放入烤箱，以上火200℃、下火180℃，烘烤13分钟即成。

肉松卷 （成品1个）

Rousong Juan

材料

甜面团（制法见
70页）
500克

/表面装饰/
蛋液适量
火腿丁100克
鲜葱丁30克
白芝麻5克

/馅料/
肉松适量

制作过程

① 将发酵好的大面团分割成500克/个的小面团，分别滚圆，松弛20分钟。

② 将面团擀开。

③ 放入烤盘，以温度30℃、湿度75%，发酵50分钟。

④ 发酵好，表面刷上蛋液。

⑤ 接着撒上火腿丁、鲜葱丁、白芝麻，挤上沙拉酱。

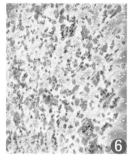

⑥ 放入烤箱，以上火200℃、下火180℃，烘烤15分钟。

⑦ 出炉冷却，放在白纸上，涂抹上沙拉酱，撒上肉松。

⑧ 然后卷成圆柱状。

⑨ 切成6等份。

⑩ 在切面处涂抹沙拉酱。

⑪ 再蘸上肉松。

雪白奶酪面包

（成品15个） *Xuebai Nailao Mianbao*

材料

高筋面粉500克（100%）

砂糖100克（20%）

盐6克（1.2%）

鸡蛋75克（约1个）（15%）

牛奶50克（10%）

汤种100克（20%）

酸奶30克（6%）

干酵母6克（1.2%）

奶粉15克（3%）

水183克（36.6%）

黄油60克（12%）

/雪白酱/

砂糖165克

鸡蛋275克（约4个）

低筋面粉275克

/奶酪馅/

奶酪150克

糖粉30克

蔓越莓30克

橙皮15克

/奶酪馅制作/
将所有材料一起拌匀即可。

/雪白酱制作/
将所有材料一起搅拌至浓稠状。

制作过程

1. 将干性和湿性材料（除黄油外）一起倒入搅拌机搅拌，至面团表面光滑有弹性，再加入黄油搅拌至能拉开面膜即可。

2. 以室温30℃，醒发40分钟。

3. 将大面团分割为60克/个的小面团，分别滚圆，松弛20分钟。

4. 将30克的奶酪馅包入面团内。

5. 包好后放入纸托中。

6. 以温度30℃、湿度75%，发酵40分钟。

7. 在发酵好的面团表面挤上雪白面糊。

8. 放入烤箱，以上火200℃、下火180℃，烘烤15分钟即成。

（成品6个）

法式芥末香肠面包

Fashi Jiemo Xiangchang Mianbao

花式调理面包材料

高筋面粉500克（100%）

砂糖100克（20%）

盐8克（1.6%）

干酵母9克（1.8%）

鸡蛋液80克（约1.5个）（16%）

汤种70克（14%）

鲜牛奶250克（50%）

黄油80克（16%）

/表面装饰/

蛋液适量

芝士丁适量

/牛肉馅/

沙拉酱50克

牛肉罐头120克

黑胡椒2克

洋葱丝30克

橄榄油10克

花式调理面团制作过程

1. 将干性和湿性材料一起倒入搅拌机搅拌。

2. 搅拌至表面光滑，有弹性，加入黄油。

3. 再搅拌至面团拉开光滑面膜即可。

4. 在室温下，基本发酵40分钟。

5. 分割成100克/个的小面团，滚圆，松弛30分钟。

法式芥末香肠面包材料

花式调理咸面团500克

/香肠芥末馅/

黄芥末10克　　　　沙拉酱100克

洋葱丁50克

香肠150克　　　　**/表面装饰/**

青酱10克　　　　　蛋液适量

芝士粉25克

香肠芥末馅制作过程

将所有材料切成丁混合　一起搅拌均匀即可。
起来。

制作过程

1. 将咸面团擀成圆饼。

2. 再卷成圆柱形。

3. 然后搓成长条形。

4. 将长条两头接口接紧。

5. 再用手搓压紧接口。

6. 放入长形纸托。

7. 放入烤盘，以温度30℃、湿度75%，发酵40分钟。

8. 发酵好后，在表面刷上蛋液，放上香肠芥末馅。

9. 放入烤箱，以上火200℃、下火190℃，烘烤15分钟。

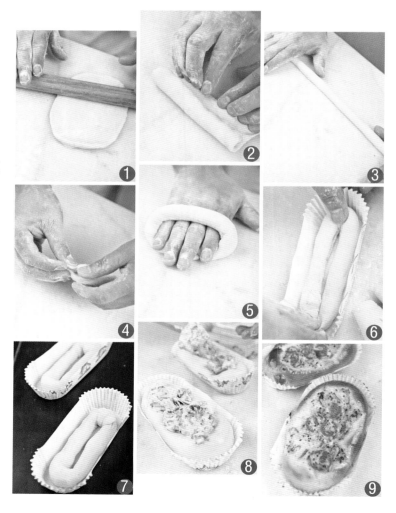

松质面包

奇异果丹麦

（成品11个）　*Qiyiguo Danmai*

丹麦面团①材料

高筋面粉300克（60%）　　鸡蛋液30克（6%）

低筋面粉200克（40%）　　牛奶150克（30%）

砂糖60克（12%）　　　　水160克（32%）

盐10克（2%）　　　　　　片状黄油250克（50%）

干酵母7克（1.4%）

/馅料/

克林姆酱适量

/表面装饰/

蛋液适量

奇异果2个

丹麦面团①制作过程

将除片状黄油外的所有干性和湿性材料一起搅拌成面团，冷冻后，包入片状黄油。❶

再折叠三次后冷藏，松弛30分钟。❷

奇异果丹麦面包制作过程

将面团擀压至0.4厘米厚。❶

用圆圈模具压出圆形。❷

再用网轮刀切出网状。❸

然后将网状面片包在圆形模具上。❹

放入烤盘，以温度28℃、湿度75%，发酵60分钟。❺

发酵好后，在表面刷上蛋液。❻

再挤上克林姆酱。❼

放入烤箱，以上火210℃、下火200℃，烘烤15分钟，出炉冷却后摆上水果即成。❽

蓝莓丹麦 （成品6个）
Lanmei Danma

材料

丹麦面团①（制法见80页）600克

/馅料/

蓝莓酱适量

蛋液适量

制作过程

1. 将面团擀压至0.5厘米厚，再分割成20厘米×2厘米的长条形。

2. 在长条表面抹上蓝莓酱。

3. 然后将两条对折扭起来。

4. 再盘绕成圆圈形。

5. 放入纸托，以温度28℃、湿度75%，发酵50分钟。

6. 发酵好后，表面刷上蛋液。

7. 放入烤箱，以上火210℃、下火200℃，烘烤18分钟。

8. 出炉冷却后，在表面撒上糖粉即成。

火腿芝士可颂

（成品10个）*HuotuiZhishi Kesong*

材料

丹麦面团② 600克　　芝士条适量

/馅料/　　　　　　蛋液适量

火腿200克

制作过程

1. 将面团擀压至0.5厘米厚，分割成高18厘米、宽10厘米的三角形。

2. 在三角形面皮内包入火腿和芝士条。

3. 再卷成羊角形。

4. 置入纸托，放入烤盘，以温度28℃、湿度75%，发酵50分钟。

5. 发酵好后，表面刷上蛋液。

6. 撒上芝士粉。

7. 放入烤箱，以上火210℃、下火200℃，烘烤16分钟即成。

丹麦面团②材料

高筋面粉350克（70%）

低筋面粉150克（30%）

砂糖65克（13%）

盐8克（1.6%）

干酵母5克（1%）

鸡蛋30克（6%）

牛奶150克（30%）

水160克（32%）

片状黄油250克（50%）

/馅料/

黑巧克力适量

/表面装饰/

杏仁奶油适量

杏仁片适量

焦糖苹果丹麦

Jiaotang Pingguo Danmai

材料

丹麦面团② （制法见83页）800克
克林姆酱适量

水50克
柠檬1个
白兰地50克

/焦糖苹果馅/
苹果粒500克
砂糖200克

/焦糖/
水20克
砂糖100克

将水和砂糖煮至焦糖色，再倒入苹果粒，然后加入柠檬和白兰地煮至透红色，即成焦糖苹果馅。

制作过程

1. 将面团擀压至0.5厘米厚，用圆形模具压出圆片。
2. 用擀面杖将圆面片擀成椭圆形。
3. 置纸托上，放入烤盘，以温度28℃、湿度75%，发酵50分钟。
4. 发酵好后，在表面挤上克林姆酱。
5. 再放上焦糖苹果馅。
6. 放入烤箱，以上火200℃、下火200℃，烘烤18分钟。
7. 出炉冷却，拉上焦糖丝即成。

栗子长条丹麦

Lizhi Changtiao Danmai

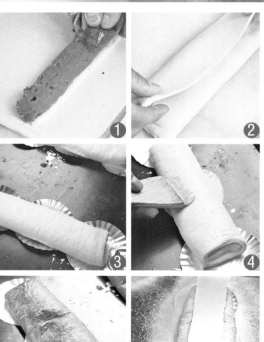

材料

丹麦面团②
（制法见83页）
600克

/馅料/
栗子泥200克
克林姆酱100克
蛋液适量

制作过程

1. 将面团擀压至0.5厘米厚，分割成长20厘米、宽15厘米的长方形，再在上面挤上克林姆酱和栗子泥。

2. 将面片对折。

3. 置入纸托，放入烤盘，以温度28℃、湿度75%，发酵60分钟。

4. 发酵好后，表面刷上蛋液。

5. 放入烤箱，以上火200℃、下火200℃，烘烤21分钟。

6. 出炉冷却，撒上糖粉即成。

富士山面包

Fushishan Mianbao

（成品4个）

富士山面团材料

高筋面粉400克（80%）

低筋面粉100克（20%）

砂糖70克（14%）

盐7克（1.4%）

汤种50克（10%）

干酵母8克（1.6%）

奶粉20克（4%）

鸡蛋50克（约1个）（10%）

炼乳30克（6%）

水250克（50%）

黄油40克（8%）

片状甜奶油250克（50%）

/表面装饰/

蛋液适量

富士山面团制作过程

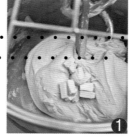

1. 将所有材料一起放入搅拌机搅拌，至面团光滑有弹性，再加入黄油搅拌均匀即可。
2. 以室温基本发酵30分钟，压平，冷冻2小时左右。

富士山面包制作过程

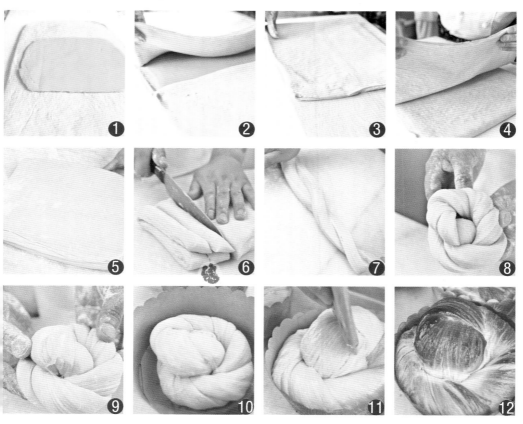

1. 将面团擀开，包入片状甜奶油。
2. 对折包紧。
3. 将面团擀压折叠，三折两次，放入冰箱松弛30分钟。
4. 将面团解冻，再擀压三折一次，冷藏松弛30分钟。
5. 将面团擀压至1.5厘米厚。
6. 用牛角刀分割成150克一条。
7. 再将两条一起扭成麻花形。
8. 一头拿着面团朝下绕。
9. 绕一圈后接口朝上。
10. 放入圆形纸托，以温度25℃、湿度75%，发酵60分钟。
11. 发酵好后在表面刷上蛋液。
12. 放入烤箱，以上火180℃、下火210℃，烘烤30分钟左右即成。

北海道金砖吐司

Beihaidao Jinzhuan Tusi

材料

富士山面团（制法见
87页）1000克

制作过程

① 将1000克富士山面团擀压至1.5厘米厚。

② 再将大面团分割成500克/个的小面团。

③ 切成三条面团。

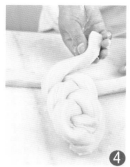

④ 将面团编成辫子。

⑤ 将面团两头压紧。

⑥ 再将面团压平。

⑦ 将辫子面团对折。

⑧ 放入450克吐司模具，以温度25℃、湿度75%，发酵120分钟。

⑨ 发酵至模具的八分满，盖上吐司模具盖。

⑩ 放入烤箱，以上火200℃、下火200℃，烘烤35分钟即成。

法国乡村长棍面包

（成品3个）*Faguo Xiangcun Changgun Mianbao*

材料

/液态种/
高筋面粉150克（30%）
黑麦粉100克（20%）
水250克（50%）
干酵母1克（0.2%）

/液态种制作/
用手将所有材料一起搅拌均匀，室温发酵3小时，冷藏发酵一夜，备用。

/主面团/
高筋面粉250克（50%）
盐10克（2%）
干酵母2克（0.4%）
水50克（10%）
麦芽精5克（1%）
全麦天然酵种100克（20%）

乡村面团制作过程

1. 将液态种和干性、湿性材料一起搅拌，至面团光滑、有弹性即可。
2. 以室温30℃，发酵60分钟。
3. 翻面后再发酵60分钟。

法国乡村长棍面包制作过程

1. 发酵好后，将面团分割成长条形，300克/个的小面团。
2. 将长条形面团扭成麻花状。
3. 注意3根面棍的长短要一致。
4. 放入烤盘，以温度30℃、湿度75%，发酵60分钟。
5. 发酵至原体积的两倍大。
6. 放入烤箱，以上下火220℃，喷蒸汽，烘烤30分钟即成。

布鲁斯面包

Bulusi Mianbao

（成品2个）

原味布里欧许面团材料

高筋面粉400克（80%）

低筋面粉100克（20%）

盐10克（2%）

砂糖50克（10%）

干酵母8克（1.6%）

蛋黄150克（约5个）（30%）

牛奶250克（50%）

黄油250克（50%）

巧克力豆300克（60%）

/表面装饰/

蛋液适量

椰丝100克

砂糖50克

原味布里欧许面团制作

1. 将所有干性和湿性材料一起搅拌成布里欧面团，再将搅拌好的布里欧面团加入巧克力豆，搅拌均匀。

2. 以室温28℃，发酵60分钟。

3. 将发酵好的面团分割成300克/个，分别滚圆，松弛20分钟。

布鲁斯面包材料

原味布里欧面团2个，每个300克	/表面装饰/	砂糖200克
抹茶粉5克	/糖浆/	玫瑰糖浆200克
	水100克	玫瑰花瓣适量

克林姆酱100克　　　　杏仁片适量

杏仁奶油100克　　　　开心果适量

•　•　•　•　•　•　•　•　•　•　•　•　•　•　•　•　•　糖粉适量

制作过程

1. 将一个原味布里欧面团加入抹茶粉，揉成圆圆的面团。

2. 再将另一个原味布里欧面团放在案板上。

3. 将其揉成表面光滑的圆面团。

4. 将两个面团分别放入铁桶里。

5. 以温度28℃、湿度75%，发酵50分钟。

6. 放入烤箱，以上火170℃、下火210℃，烘烤20分钟。

7. 出炉冷却，将面团切成片状。

8. 将水和砂糖煮至浓稠状，冷却后即成糖浆。先在原味面包片表面刷上糖浆。

9. 涂抹上杏仁奶油馅。

10. 撒上杏仁片。

11. 再将抹茶味的面包片涂抹上玫瑰糖浆。

12. 涂抹上杏仁奶油馅。

13. 再放入烤箱，以上火210℃、下火180℃，烘烤8分钟，出炉冷却，在抹茶面包片表面撒上糖粉，放上开心果和玫瑰花瓣，在原味面包片表面撒上糖粉。

乡村蔓越莓

(成品3个) *Xiangcun Manyuemei*

材料

乡村面团800克

酒渍蔓越莓100克

制作过程

1. 将乡村面团和酒渍蔓越莓用手拌均匀。

2. 以室温30℃，发酵60分钟。

3. 然后分割成300克/个的小面团，分别滚圆，松弛20分钟。

4. 再将面团对折排气。

5. 卷成橄榄形。

6. 放入烤盘，以温度28℃、湿度75%，发酵60分钟。

7. 发酵好后，在表面划上树叶纹刀口。

8. 放入烤箱，以上火220℃、下火200℃，喷蒸汽，烘烤25~30分钟即成。

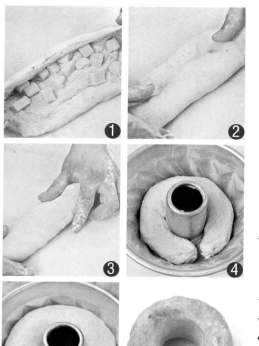

法式奶油 洛夫面包

Fashi Naiyou Luofu Mianbao

材料

乡村面团（制法 见91页）300克　　黄油丁60克

制作过程

1. 准备乡村面团300克，按压排气后，放入60克黄油丁。
2. 然后将面团卷起。
3. 搓成圆柱形。
4. 放入刷好黄油的洛夫模具。
5. 以温度30℃、湿度75%，发酵90分钟。
6. 放入烤箱，以上火180℃、下火220℃，喷蒸汽，烘烤30分钟即成。

优格面包

（成品16个）*Youge Mianbao*

材料

/液态种/

高筋面粉200克（40%）

酸奶100克（20%）

牛奶100克（20%）

干酵母1克（0.2%）

/主面团/

高筋面粉300克（60%）

砂糖60克（12%）

盐6克（1.2%）

鸡蛋50克（约1个）（10%）

干酵母2克（0.4%）

牛奶150克（30%）

奶粉10克（2%）

黄油30克（6%）

/表面装饰/

蛋液适量

杏仁片适量

制作过程 ••

1. 将发酵好的种面团和主面团盛在一起。
2. 倒入搅拌机中一起搅拌。
3. 搅拌至面团光滑有弹性，加入黄油。
4. 再搅拌至面团能拉开光滑的面膜即可。
5. 以室温30℃，发酵60分钟。
6. 发酵好后，分割成60克/个的小面团。
7. 将小面团滚圆。
8. 放入烤盘，以温度30℃、湿度75％，发酵50分钟。
9. 发酵好后，在面团表面刷上蛋液。
10. 然后再放上杏仁片。
11. 放入烤箱，以上火200℃、下火180℃，烘烤12分钟即成。

法式麦穗面包

（成品7个）*Fashi Maisui Mianbao*

材料

高筋面粉500克（100%）

盐10克（2%）

蜂蜜10克（2%）

全麦天然酵种225克（45%）

水230克（46%）

/馅料/

培根适量

芝士适量

/表面装饰/

低筋面粉适量

将所有材料一起倒入搅拌机中，搅拌至面团光滑有弹性，放入盆中发酵40分钟。

将发酵好的面团进行翻面，让面团增加弹性，每40分钟翻一次，共翻3次。

翻面发酵至原体积的1.5倍。

将面团分割成150克/个的小面团，滚圆，松弛30分钟。

将面团按压排气。

将面团擀成长条形，放入培根和芝士。

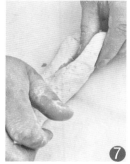

再将面团卷成圆柱形。

以温度28℃、湿度75%，发酵60分钟。

发酵好后，在表面撒上低筋面粉。

用剪刀剪成麦穗形状。

入烤箱，以上火220℃、下火200℃，喷蒸汽，烘烤30分钟即成。

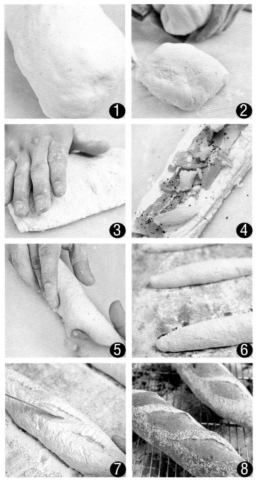

法式培根面包

（成品3个）*Fashi Peigen Mianbao*

材料

高筋面粉350克（70%）

低筋面粉150克（30%）

盐10克（2%）

干酵母5克（1%）

水300克（60%）

/馅料/

培根丁100克

芝士碎50克

黑胡椒适量

/表面装饰/

低筋面粉适量

制作过程

1. 将所有材料一起搅拌，至面团表面光滑有弹性，以室温30℃，发酵50分钟。

2. 发酵完成，将面团分割成250克/个的小面团，滚圆，松弛30分钟。

3. 将面团按压排气。

4. 擀开后，放入培根丁、黑胡椒和芝士碎。

5. 然后卷成圆柱形。

6. 放入烤盘，表面撒上低筋面粉，以温度30℃、湿度75%，发酵60分钟。

7. 发酵好，在面团上划上刀口。

8. 放入烤箱，以上火220℃、下火200℃，喷蒸汽，烘烤25分钟即成。

酥脆饼干

自己动手制作饼干，何等惬意，健康无添加的点心温暖着全家人的胃。按图索骥，只要照着步骤图一步一步操作，就可以轻松做出。好吃不繁琐，营养更健康。制作饼干，一看就会，就这么简单。

1. 饼干家族的分类

在制作饼干的过程中，因为采用不同的配方和不同的制作方法，材料拌和后会呈现不同属性，最后经过烘烤，饼干就会产生各种各样的口感与风味。下面是饼干的不同分类。

饼干分类
- 不同的口感
  - 混酥饼干
  - 起酥饼干
- 原料不同拌和法
  - 糖油拌和法
  - 油粉拌和法
  - 液体拌和法
- 不同制作手法
  - 推压类饼干
  - 冰箱类饼干
  - 挤出类饼干

（1）按口感可以分为混酥类饼干和起酥类饼干

①混酥类饼干由酥性面团制作而成。酥性面团是以面粉为主，加入适量的黄油、糖粉、鸡蛋、牛奶、疏松剂及水等调制而成的面团。经烘烤后，成品具有口感酥松、香脆等特点。

Point（要点）1

酥性面团调制温度应以低温为主，一般控制在22℃~28℃。若气温高可用冰水来降低面团的温度。

Point 2

一般来说，配方再准确，而投料顺序不同，其制品的风味也大相径庭。调制酥性面团，应先将糖、油、水、蛋、香料等辅料充分搅拌均匀，然后再拌入面粉，制成软硬适宜的面团。

酥性面团

②起酥类饼干通常由酥面、面皮两块面团组合而成。酥面一般是由油脂和麦面擦制而成，油脂有熟猪油、黄油、色拉油等，其中熟猪油是首选；麦面一般选用低筋面粉。面皮通常由面粉、糖粉、黄油等调制而成。

Point 1

面皮与酥面的软硬度必须一致；面皮包住酥面，其比例一般为6∶4（面皮∶酥面），但烤制品的酥面含量可略多一些。

面皮包酥面

Point 2

温度太高时可将面皮及酥面入冰箱冷藏片刻后再使用。无论起酥的坯子还是制好的生坯，放置在外的时间都不可过长，否则表面易结皮。

面片包油酥

Point 3

擀皮时需注意不宜擀太薄，面皮一般为中间略厚，四周略薄一些。切坯皮的刀一定要锋利，否则会在酥层上留下划痕，烤出来后酥层就会不清晰。

擀压面片

Point 4

干粉尽量少用或不用，否则易脱壳发硬，并引起拼酥造成层次不清。将起酥后坯皮卷起时一定要卷紧，卷后只能向使筒变紧方向搓滚，不可反向，防止松散。包制生坯时需注意双手灵活包捏，速度快、成型准，双手用力均匀，不可过重。

（2）按拌和后的原料软硬度来区分，可分为面糊类饼干和面团类饼干

①**面糊类饼干**：油分或水分含量高，拌和后的材料大多呈稀软状，无法直接用手接触，需借由汤匙或挤花袋来做最后的塑形，口感既酥且松，如挤花饼干及薄片饼干等。

②**面团类饼干**：拌和后的材料，手感明显较干硬，可直接用手接触塑形，有时配方内是以水分将材料组合成团，因此口感较脆，如手工塑形饼干及推压饼干。

面糊　　　　　　　　面团

③面糊或面团的拌和法

依食材的特性，饼干面团区分为湿性与干性两类，再以不同的拌和方式与顺序，而呈现面糊与面团，最常用的方式如下：

糖油拌和法：先湿后干的材料组合，即奶油在室温软化后，分次加入蛋液或其他湿性材料，再陆续加入干性材料混合成面糊和面团。其关键步骤如下图：

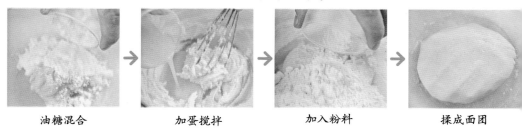

| 油糖混合 | 加蛋搅拌 | 加入粉料 | 揉成面团 |

油粉拌和法：先干后湿的材料组合，即所有的干性材料，包括面粉、泡打粉、小苏打粉、糖粉等先混合，再加入奶油（或白油）用双手轻轻搓揉成松散状，再陆续加入湿性的蛋液或其他的液体材料，混合成面糊或面团。例如芝麻奶酥饼。

| 粉料混合 | 加入蛋液和奶油 | 充分搅拌 | 揉成面团 |

液体拌和法：将干性材料的各种食材，例如干果、坚果及面粉等，直接拌入化开后的奶油或其他液体食材中，混合均匀即可塑形。例如芝麻饼、蜂巢薄饼等。

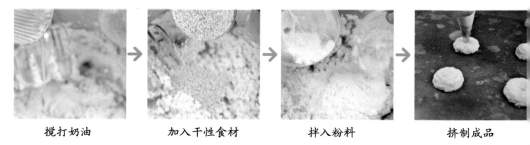

| 搅打奶油 | 加入干性食材 | 拌入粉料 | 挤制成品 |

（3）按制作手法可分为挤出类饼干、推压类饼干和冰箱类饼干

①**挤出类饼干**：挤出类饼干的面糊为软性，因为水分含量较其他类多，无法揉成面团状，只能形成面糊状，大多是装在挤花袋中挤出各种图案。

如咖啡杏仁饼干，其关键步骤如图：

| 和制面糊 | 挤出生坯 | 装点饰品 |

Point 1

做挤花饼干最好用口径大一点的花嘴，如果花嘴太小，饼干会很薄，挤出来也很费力。

Point 2

掌握好烘制时间。挤制类饼干在烘烤过程中若呈现金黄色状态，则代表饼干已烘制完成。

②推压类饼干：用推压类制作手法做饼干时常将面团分成小块，或搓成小球后再用工具或是手来压扁造型。

Point 1

把握好水、糖、油这三个影响饼干口感的要素。其中水分影响饼干的软硬；糖则决定着松脆程度；油则是影响酥性的关键点，用的越多就越酥。

Point 3

面团拌好后若不立刻使用，最好在面团上盖塑料纸或是湿毛巾，否则与空气接触太长时间会变得干硬。如果放置时间较长的话，须放冰箱冷藏，等使用时再取出于室温下软化再用。

Point 2

制作时搅拌均匀即可，不要过分搅拌否则面团就不会自然膨胀成松脆的饼干，这样的饼干会变得又硬又干且难以下咽。

如肉松饼干，其关键步骤如下：

称量剂子　　搓成圆球　　掌心推压

③冰箱类饼干，容易搓成团，常揉成圆柱形、方柱形放进冰箱冷藏后再切出形状，冷冻后烘焙或把面团放进冰箱冷藏再整形后入炉烘烤。冰箱类饼干特性为酥硬性，制作时可多做些面团放入冰箱冷冻备用，要吃时用多少切多少。这类饼干非常适合人口多的家庭食用。

Point 1

如果做好的面团太软，可酌量增加点面粉，但可能会使饼干变得较硬，影响口感；如果面团太硬，则可酌量加点鲜奶使之稍微软些。需要注意的是，后加的鲜奶或面粉都不要一次加入，且一定要与面团拌匀。

Point 2

面团从冰箱拿出后，要用较薄且锋利的刀来切，每次切之前可将刀浸在热水中，切出来的刀口才会整齐好看。

Point 3

冰箱小西饼的面团放入冰箱中，可使用保鲜膜包裹，以防异味影响到面团的味道。

如砂糖芝士饼干，其关键步骤如下：

揉成圆柱入冰箱冷藏　　刀切成形　　放入烤箱

2. 自制饼干关键步骤图解

饼干的制作过程看似繁琐，其实只要抓住其中的几个关键点，就可以轻松掌握。自己也能够根据下面的提示一步步制作出美味可口的饼干。

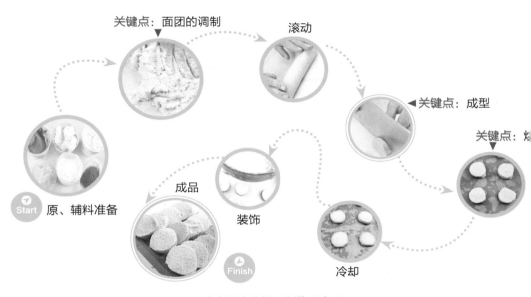

色香味俱佳的饼干制作示意图

（1）制作饼干的准备工作

①对制作步骤要熟悉：在制作前要首先仔细阅读本书知识，了解需要的材料，知道可能需要的预处理时间。

②原、辅料的准备：操作前，确保所有必须使用的材料均在"最佳"状态下，才可以顺利进行材料的搅拌、打发及拌匀等动作。

Point 1

用于搅拌的容器在使用前最好在冰箱中冷藏一段时间，这样在使用时打出来的浆料或面糊才会好用；冬天要先将黄油放在室温下软化；有些装饰材料需要提前加热或溶化等。

Point 2

夏天要将鸡蛋冷藏在冰箱里一小会儿再用。如果是已经冷藏在冰箱里的鸡蛋，拿出来后要放在室温下让它退冰，不然蛋液不容易和其他原料结合。因此，制作前必须先将蛋放于室温下回温。

(3)称量工具的准备：应该用可精确到1克的电子秤，否则误差过大，完成后的成品往往与书上的相差甚远。事先还应根据配方准确地称量好原料，这样能避免制作时手忙脚乱而失败。

(4)烤箱预热的准备：假设温度设定为180℃，预热后，电热管变红时是加热状态，待加热管变黑后，此时温度接近180℃，然后电热管用余热将温度提高到180℃左右，此时就达到了设定温度。

（2）调制面糊或面团

①调制面糊或面团前应知的要点

粉类过筛防结块：制作饼干的低筋粉，因为蛋白质含量较低，即使未受潮，放置一段时间之后依然会结块，将粉类过筛，是为了避免结块的粉类直接加入其他材料时有小颗粒产生，这样烘焙出来的饼干口感才会比较细致。除面粉外，通常还有其他如泡打粉、玉米粉、可可粉等干粉类材料，都要过筛。

过筛

奶油化开利于拌匀：奶油冷藏或冷冻后，质地会变硬，如果在制作前没有事先取出退冰软化，将难以打发，软化奶油打发后，才适合与其他粉类搅拌，否则面团会变得很硬。视制作时的不同需求，则有软化奶油或将奶油完全化开两种不同的处理方法。

奶油化开

奶油软化的方法，最简单的就是取出放置于室温下待其软化，软化需要多长时间，要视先前奶油被冷藏或冷冻的程度而定，奶油只要软化到手指稍使力按压，可以轻易压出凹陷的程度即可。但是要制作挤压类的饼干，奶油则需要完全化成液态才行，要想把奶油变成液态必须加热奶油，可放在烤箱内加热或是放在铁盆中用明火加热，加热好的奶油要等略微降温后方可与其他材料搅拌，否则温度过高的奶油会将其与之混合的材料烫熟。

分次加蛋：制作有些种类的饼干时，要分次加入鸡蛋才能将材料拌匀，如果一次全部加入就会出现蛋油分离的现象，比如在糖油拌和之后，

分次加蛋

蛋须先打散成蛋液后再分2~3次加入，因为一颗蛋里大约含有74%的水分，如果一次将所有蛋液全部倒入奶油糊里，油脂和水分不容易结合，造成油水分离，搅合拌匀会非常吃力。

②正确和错误的拌和面糊方法举例

正确的方法：利用橡皮刮刀将奶油糊与粉料做切、压、刮的拌和动作，同时以不规则的方向操作。

a.干性材料（粉料）筛入打发后的奶油糊之上。

b.橡皮刮刀的刀面呈"直立状"并左右切奶油糊与粉料。

c.再配合橡皮刮刀的刀面呈"平面状"压材料的动作。

d.最后配合橡皮刮刀刮底部粘黏的材料。

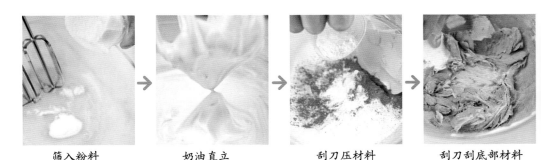

| 筛入粉料 | 奶油直立 | 刮刀压材料 | 刮刀刮底部材料 |

第一种错误方法：当干性材料的粉料筛在湿性材料的奶油糊之上时，用橡皮刮刀一直转圈圈（规则的）搅拌。这样操作面糊易出筋，饼干不会有好口感。

第二种错误方法：搅拌时使用打蛋器，使干、湿性材料不易拌和而塞在一起。同时过度用力搅拌，导致饼干出筋。

③正确和错误的拌和面团方法举例

正确的方法：因湿性材料含量低，可用橡皮刮刀及手以渐进的方式将材料抓成团状。

a.一开始用橡皮刮刀或手，先将湿性（奶油糊）与干性（粉料）材料稍作混合。

b.继续用橡皮刮刀或手将材料渐渐地拌成松散状。

c.最后用手掌，将所有材料抓成均匀的团状。

面团的拌和有两种方法：

a.切拌法（即切拌折叠法）：用橡皮刮刀将材料渐渐切拌成松散状，另一只手只负责把翻过来了的面团压实一点。

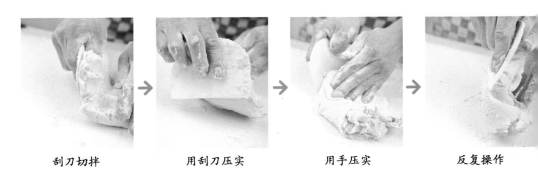

| 刮刀切拌 | 用刮刀压实 | 用手压实 | 反复操作 |

b.搓（压）拌法（即压拌折叠法）

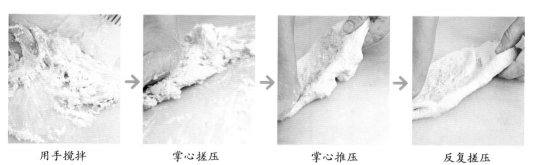

| 用手搅拌 | 掌心搓压 | 掌心推压 | 反复搓压 |

第一种错误方法：用手用力搓揉，如同制作面包揉面的手法。

第二种错误方法：用搅拌机快速并过度搅打。

以上两项，均会造成出筋现象。

（3）饼干的成型

完成了面团和面糊的制作，接下来的塑形，就必须熟知掌握外观与控制力度大小的动作，否则随性的结果会直接影响成品烘烤后的品质。在同一烤盘内的造型，必须遵守以下三点。

①大小一致。例如手工塑形的饼干，分量拿捏尽量精确，最好以电子秤计量材料。

②厚度一致。例如利用刀切的饼干，面团的厚度要控制好，最好在0.8~1厘米之间。手工塑形的饼干，厚度要一致，边缘不可过薄，否则容易烤焦。

③形状一致。例如利用饼干刻模做造型的饼干，所选用的模型要一致。

（4）饼干的烘烤

①烤箱的预热

烤箱在烘烤之前，必须先提前10分钟（烤箱愈大预热时间就愈长）把烤箱调至烘烤温度空烧，让烤箱提前达到所需要的烘烤温度，使饼干一放进烤箱就可以烘烤，否则烤出来的饼干又硬又干，影响口感。烤箱预热的动作，也可促进饼干面团定型。尤其是乳沫类饼干从打发之后就开始逐渐消泡，更要立刻放进烤箱烘烤。

②饼干的排放要有间隔

面团排放在烤盘上，因为加热后会再膨胀，所以排放时每个饼干之间要有些间隔，以免相互粘黏在一起。另外，挤在烤盘上的面糊，除了同样彼此之间要留间隔以外，大小厚度也需均匀一致，才不会有的已烤焦了，有的却还半生不熟。

③正确烘烤饼干的八个关键点

a.家庭一般烤箱，烘烤前10~15分钟，开始准备以上下火180℃预热，成品受热才会均匀。

b.除了个别例子，大部分饼干都以上火大、下火小的温度烘烤，如烤箱无法控制上下火时，烘烤饼干则以平均温度即可。

c.家庭式的烘烤，需避免高温瞬间上色，否则面团内部不易烤干熟透。

d.不要一个温度烤到底，中途可依上色程度而将温度调低续烤，也就是"低温慢烤"，较易掌握成品外观的品质。

e.成品已达上色效果及九分熟的状态，即可关火，利用余温以焖的方式将水分烘干。

f.一般成品（除薄片饼干外），烘烤约20分钟后，观察上色是否均匀，来决定是否需将烤盘的内与外位置调换。

g.本书中的烘烤温度与时间的数值均为参考值，一般成品（除薄片饼干外）烘烤25~30分钟，如上色的程度过浅，需随机加长时间或调整温度。

h.出炉后的成品放凉后，如仍无法呈现酥或脆的应有口感及硬的触感，可视情况再以低温约150℃烘烤数分钟，即可改善。

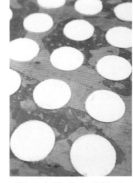

饼干在烤盘中的排列

（5）饼干的装饰

①饼干的上色

a.双色上色：用巧克力淋或是挤线条的方式上色，大的色块或是多的线条都能产生装饰的美，这类饼干装饰容易吸引人的眼球。

巧克力迷你甜甜圈

③在饼干上撒粉

撒上糖粉、可可粉、绿茶粉、巧克力粉等材料。此类装饰会产生一种浪漫朦胧的美，适合深色的饼干且以表面不光滑的为主。

巴斯理巧克力饼干

b.用糖衣上色：给人高档奢华之感，非常适合送人或是宴请宾客，此类装饰适合表面较平滑的饼干。

鸭梨饼干

②做夹心饼干

做夹心饼干更适合用于儿童饼干。夹心的材料以巧克力、奶油、蛋白膏这几种为主。

巧克力夹心饼干

④做造型饼干

做造型饼干一般是在将饼干坯做好造型后再入炉烘烤定型。造型饼干相比于一般饼干更讲究比例关系及整体美感，一般用来作展示的居多，也有将烤好的饼干再拼装成立体效果的，但不适应大量制作，所以市场上几乎看不到，只有少数几家个性饼干店能看到这样的饼干。

为了让自己的孩子喜欢上吃饼干，妈妈们可是需要在这上面多下些功夫。

T恤裙子

波鲁波罗涅

（成品30块）*Boluboluonie*

材料

低筋面粉170克　　橙皮碎20克

杏仁粉35克　　　　柠檬碎20克

酥油80克　　　　　**/装饰材料/**

鸡蛋25克　　　　　糖粉适量

绵白糖90克

制作过程

1. 先将柠檬碎和橙皮碎加入70克绵白糖，用手搓均匀，备用。

2. 将酥油与剩余绵白糖搅拌至微发。

3. 再加入备用的柠檬橙皮碎，搅拌均匀。

4. 接着分次加入鸡蛋，搅拌均匀。

5. 然后将低筋面粉、杏仁粉过筛后一起加入其中，搅拌均匀，拌成面团状。

6. 将面团稍松弛后，擀开至1厘米厚。

7. 用中空圆形压模将其压出薄片。

8. 将饼坯摆入烤盘内，在表面筛上糖粉，以上下火 150℃/140℃烘烤大约30分钟即可。

红椒芝士饼干棒

（成品22块）Hongjiao Zhishi Bingganbang

材料

黄油150克　　　　　低筋面粉210克

糖粉55克　　　　　红椒粉10克

鸡蛋1个　　　　　芝士粉20克

Tips

1. 粉类材料需要过筛，以免有颗粒的存在。
2. 拌成面团，不要形成面筋。
3. 擀压要注意厚薄均匀。

制作过程

1. 将黄油和过筛糖粉搅拌至微发。

2. 再分次加入鸡蛋，搅拌均匀。

3. 将低筋面粉、红椒粉和芝士粉过筛后加入其中，拌成面团。

4. 将面团松弛20分钟左右，擀开至5毫米厚。

5. 将面饼切成长12厘米、宽 2厘米的长条。

6. 将饼坯摆入烤盘内，以上下火170℃/150℃烘烤大约20分钟即可。

黑胡椒饼干

（成品30块）*Heihujiao Binggan*

材料

黄油20克	低筋面粉105克
绵白糖15克	泡打粉1克
白油20克	胡椒粉2克
盐1克	**/装饰材料/**
蛋白30克	蛋白20克

制作过程

1. 先将黄油、绵白糖和白油搅拌至乳化状。

2. 再分3次加入蛋白，接着加入盐搅拌均匀。

3. 将低筋面粉、泡打粉和胡椒粉过筛后加入其中，拌成面团。

4. 将面团松弛10分钟后，擀开至1厘米厚。

5. 用梅花压模将其压出。

6. 将饼坯摆烤盘内，在表面均匀地刷上蛋白。

7. 最后以上下火190℃/160℃烘烤大约20分钟即可。

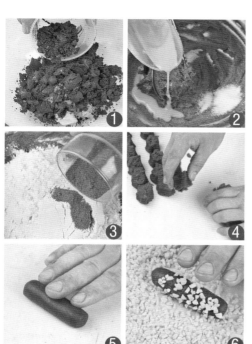

杏仁肉桂饼干

（成品24块）*Xingren Rougui Binggan*

材料

黄油100克　　　　　肉桂粉10克

红糖100克　　　　　低筋面粉180克

盐2克　　　　　　　杏仁碎100克

鸡蛋30克

制作过程

1. 先将黄油与红糖一起搅拌至乳化状。

2. 再分次加入鸡蛋，接着加入盐，搅拌均匀。

3. 然后将低筋面粉和肉桂粉过筛后加入其中，拌成面团状。

4. 将面团稍松弛后，分割成 15克/个的小面团。

5. 将分割好的小面团依次搓成小圆柱体。

6. 在小圆柱体表面蘸上杏仁碎，摆入烤盘，再轻轻将其压扁。

7. 以上下火180℃/160℃烘烤大约18分钟即可。

巧克力饼干 （成品9块）

Qiaokeli Binggan

材料

黄油100克	杏仁粉20克
绵白糖100克	低筋面粉200克
鸡蛋20克	白巧克力适量
香粉2克	黑巧克力适量

Tips

1. 在化巧克力的时候，要隔水加热化，温度不可太高。
2. 在表面挤白巧克力线条的时候，线条要均匀。
3. 画图案的时候，使用的巧克力不可凝固，以免画得不好看，破坏整体形状。

制作过程

❶ 先将黄油与绵白糖搅拌至乳化状。

❷ 再分次加入鸡蛋，搅拌均匀。

❸ 接着将香粉、低筋面粉、杏仁粉过筛后一起加入其中，拌成面团状。

❹ 将面团松弛10分钟，擀开至5毫米厚。

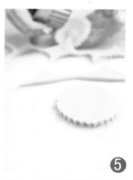

❺ 用中空菊花型模具将其压出。

❻ 摆入烤盘内，以上下火180℃/160℃烘烤大约15分钟后出炉冷却。

❼ 将黑巧克力和白巧克力隔水化开后，将其中一部分饼干的表面蘸上黑巧克力。

❽ 再用白巧克力在表面画上图案。

在剩余的饼干上面挤上白巧克力。

将画好图案的饼干，盖在挤有白巧克力的饼干上即可。

原味曲奇

（成品50块）Yuanwei Ququ

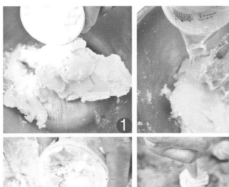

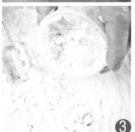

材料

A：黄油220克　　　　C：细盐2克
糖粉80克　　　　　　低筋面粉275克
B：鸡蛋1个

制作过程

1. 先将黄油和糖粉放在容器中用电动搅拌器搅拌打发。

2. 容器中分次加入鸡蛋液后充分搅拌均匀。

3. 最后加入细盐和低筋面粉，先慢速搅拌，再快速充分搅拌均匀。

4. 将搅拌好的蛋面糊装入挤花袋中，挤在铺有高温布的烤盘中。

5. 最后将饼坯放入预热的烤箱中以上火200℃、下火160℃约烤13分钟至表面金黄色即可。

芝麻酥片

（成品28块） *Zhima Supian*

材料

A：细糖60克　　C：高筋面粉60克

黄油45克　　　牛奶20克

B：蛋白液25克　D：黑芝麻适量

制作过程

1. 先将原料A放在容器中用电动搅拌器打至微发。
2. 再分次加入蛋白液充分搅拌均匀。
3. 在蛋油糊中加入过筛的高筋面粉和牛奶。
4. 再将容器中的油面糊充分地搅拌均匀。
5. 将油面糊装入挤花袋中，挤在垫有高温布的烤盘中，使其呈扁圆球状。
6. 在饼坯的中间撒一点黑芝麻。
7. 入预热的烤箱中以上火180℃、下火160℃烘烤，烤至颜色为中间白，周边金黄色即可。

花生曲奇 （成品30块）

Huasheng Ququ

材料

黄油80克　　　肉桂粉1克　　　杏仁粉75克　　**/装饰材料/**　　　杏仁粉60克

绵白糖50克　　鸡蛋20克　　　柠檬皮15克　　蛋白30克　　　　花生整粒30个

盐0.5克　　　　低筋面粉130克　　　　　　　绵白糖60克

制作过程

1. 先将黄油、绵白糖搅拌至呈蓬松状。

2. 再加入肉桂粉、盐、柠檬皮，搅拌均匀。

3. 接着分次加入鸡蛋，搅拌均匀。

4. 然后将低筋面粉过筛后，和杏仁粉一起加入其中，拌成面团状，松弛10分钟。

5. 将面团搓成圆柱体，放入冰箱内冷藏20分钟左右。

6. 待面团稍硬后取出，切成大约6毫米厚的薄片。

7. 薄片平摆入烤盘内，在表面挤上制作完成的蛋白糊。

8. 再在表面放上脱皮的花生整粒。

9. 以上下火180℃/180℃烘烤18分钟左右即可。

装饰制作过程

先将蛋白、绵白糖一起搅拌至中性发泡。

将低筋面粉过筛后，和杏仁粉一起加入其中，搅拌均匀即可。

健康全麦苏打饼干 （成品30块）

Jiankang Quanmai Suda Binggan

材料

酵母3.5克　　　　全麦面粉65克　　　　绵白糖15克　　　　色拉油20克

水100克　　　　　低筋面粉130克　　　盐1.5克

制作过程

1. 先将全麦面粉和低筋面粉过筛后加入容器，搅拌均匀。

2. 再加入绵白糖、酵母，搅拌均匀。

3. 接着加入水，搅拌均匀。

4. 然后加入色拉油，搅拌成光滑状面团。

5. 用塑料纸包好面团，在较温暖的地方醒发约2小时。

6. 待醒发完成后，面团体积是原有体积2倍的时候取出。

7. 将其擀开至1.5毫米厚，用滚轮刀切成长7厘米、宽4厘米的方块。

8. 在面皮表面用滚针打上小孔后，喷上适量的水，在温暖的地方醒发15分钟左右，再喷上适量的水。

9. 以上下火220℃/190℃烘烤10分钟左右即可。

Tips

1. 醒发的时候要将面团包起来，以免表皮被风吹干。

2. 饼干坯表面一定要打上小孔，以免饼干烘烤鼓起来。

3. 擀压的时候面皮要稍微薄一些，饼干烤出来会更脆一些。

杏仁酥条 （成品20块）

Xingren Sutiao

材料

高筋面粉85克

低筋面粉85克

盐0.5克

水100克

片状黄油115克

黄油15克

杏仁碎适量

太古糖粉20克

柠檬汁20克

制作过程

❶ 先将高筋面粉和低筋面粉过筛后堆成粉墙状，再加入盐、黄油、水拌成光滑细腻的面团，松弛30分钟。

❷ 将片状黄油擀成方形，备用。

❸ 将松弛完成的面团擀开，呈四方形，面积是黄油的2倍。

❹ 将备用的黄油用面皮包起来。

❺ 再擀开呈四方形，以折叠4层的方式叠好。

❻ 向折叠的反方向再次擀压成方形，再次重复擀压折叠，前后共3次，松弛1小时。

❼ 将松弛好的面皮擀开呈方形，切成长13厘米、宽3厘米的长条。

❽ 以上下火220℃/200℃烘烤大约15分钟后，再以160℃/160℃烘烤，前后大约烘烤25分钟。

❾ 将太古糖粉和柠檬汁搅拌均匀成糖霜，备用。

❿ 在冷却的酥条表面抹上糖霜，并在上面撒上烘烤好的杏仁碎即可。

Tips

1. 面团的筋度不可太强，以免松弛的时间太长。
2. 擀压面皮的时候双手用力要均匀。
3. 面团内部的盐不可过多，以免有筋度。
4. 搅拌糖霜时，根据太古糖粉（表面糖霜所用的糖粉）的吸水情况来定加入水分的多少。
5. 烘烤的时候要将产品内部的水分稍微收干一些为好。

蛋黄夹心饼干 （成品18块）

Danhuang Jiaxin Binggan

材料

鸡蛋1个	盐1克	低筋面粉95克	**/馅料材料/**	
蛋黄2个	香粉1克	糖粉50克	黄油230克	牛奶30克
糖粉70克			糖粉80克	盐1克

制作过程

①
先将鸡蛋和蛋黄充分搅拌均匀。

②
再加入过筛的糖粉、盐搅拌至充分发泡。

③
将低筋面粉和香粉过筛后加入其中，搅拌均匀成面糊。

④
将面糊装入裱花袋内，用平口裱花嘴在烤盘内挤出圆球状。

⑤
在圆球表面均匀地筛上糖粉。

⑥
以上下火210℃/160℃烘烤大约8分钟。

⑦
出炉冷却后，将一半饼干翻过来，并在底部挤上馅料。

⑧
将另一半盖在馅料表面即可。

馅料制作过程

①
将黄油搅拌至柔软状态，再加入过筛糖粉充分打发。

然后加入牛奶和盐，搅拌均匀即可。

②

苏打饼干

（成品60块）*Suda Binggan*

材料

酵母5克   黄油60克

温水150克   **/装饰材料/**

低筋面粉300克   水适量

盐1克   盐适量

小苏打1克

制作过程

1. 先将酵母与温水一起搅拌至酵母溶解。

2. 再将盐、低筋面粉和小苏打一起加入，充分搅拌均匀。

3. 然后加入黄油，搅拌成光滑的面团。

4. 用塑料纸包好面团，在常温下松弛1小时，松弛完成后，将其擀开至1.5毫米厚。

5. 用叉子在面皮表面打上小孔。

6. 将面皮切成长7厘米、宽5厘米的四方块，摆入烤盘内。

7. 在饼干坯表面喷上适量的水，并撒上盐，在常温下松弛25分钟左右。

8. 以上下火220℃/200℃烘烤大约7分钟，待表面上色后即可取出。

芝麻薄饼

（成品48块） *Zhima Baobing*

材料

蛋白50克	黄油50克
鸡蛋50克	低筋面粉50克
绵糖125克	白芝麻250克
鲜奶油50克	黑芝麻50克

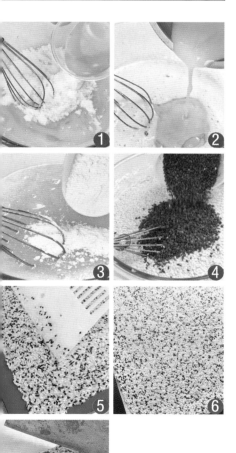

制作过程

1. 先将蛋白、鸡蛋和绵糖搅拌至糖化开。
2. 再将鲜奶油和黄油化开后加入其中，充分搅拌均匀。
3. 接着将低筋面粉过筛后加入其中，拌匀。
4. 最后加入白芝麻和黑芝麻，充分拌匀后，松弛20分钟。
5. 将面糊倒在铺有高温布的烤盘内，抹平。
6. 以上下火150℃/150℃烘烤大约16分钟。
7. 出炉后除去高温布，趁热切成长6厘米、宽4厘米的方块，再切成三角形即可。

蜂蜜核桃饼干

（成品7块）

Fengmi Hetao Binggan

材料

/派皮面团/	/馅料材料/	盐5克
黄油200克	绵糖270克	核桃仁130克
糖粉170克	蜂蜜250克	
鸡蛋60克	黄油60克	
低筋面粉360克	淡奶油105克	

Tips

1. 核桃仁事先烤熟，备用。

2. 绵糖与蜂蜜在煮制的时候，糖要煮到位，浓度要高。

3. 煮好的馅料存放时间不要太长，以免发硬。

制作过程

1. 先将绵糖和蜂蜜煮至温度达到110℃。

2. 再加入淡奶油，搅拌均匀，然后加入60克黄油搅拌至黄油化开，加入盐煮至金黄色。

3. 加入备用的核桃仁，搅拌均匀成馅料，备用。

4. 将200克黄油和过筛的糖粉放入容器内，搅拌至呈乳白色。

5. 再分次加入鸡蛋，搅拌均匀。

6. 将低筋面粉过筛后加入其中，拌成面团。

7. 在小烤盘内垫上白纸，将一半的面团放入，将其擀平，并在表面打上小孔。

8. 面皮表面倒入备用的馅料，抹平。

9. 再将另一半面团擀成面皮盖在馅料上面。

10. 在面皮表面均匀地刷上蛋黄液。

11. 以上下火170℃/210℃烘烤大约 25分钟。

12. 出炉后冷却，撕去垫纸，切成长15厘米、宽2.5厘米的长条即可。

和味酥 （成品80片）

Heweisu

材料

/水皮材料/

A.高筋面粉250克

B.水250克

C.黄油83克

/油酥材料/

低筋面粉188克

黄油94克

/馅料材料/

三洋糕粉375克

猪油450克

绵白糖750克

味精15克

细盐20克

水20克

制作过程

先将高筋面粉放在容器中，然后加入水拌成有筋面团，松弛20分钟。

②

再加入黄油，揉捏至面团表面光滑即为水皮面，备用。

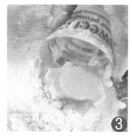

③

将油酥材料混合搅拌均匀，备用。

④

使油酥面团的软硬度与水皮面保持一致。

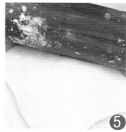

⑤

将松弛好的水皮擀开。

⑥

将油酥面团包入水皮中。

⑦

然后擀开成长方形。

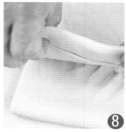

⑧

以2折3层的方式折叠3次，每次折叠需要松弛20分钟。

⑨

擀成长方形，表面刷上蛋液。

⑩

铺上馅料，在馅料的表面刷上一层蛋液，然后卷起来成圆柱形。

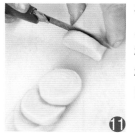

⑪

再切成约1厘米厚的薄片，入炉，以上下火200℃/150℃烘烤大约20分钟至表面金黄色即可。

馅料制作过程

1. 将细盐和味精放入容器中，加入水混合拌匀。
2. 再将三洋糕粉、猪油、绵白糖混合均匀后加入其中搅拌均匀即可。

①

②

酥脆饼干 **133**

扭纹酥 （成品50根）

Niuwensu

材料

/水皮材料/

A.低筋面粉250克、糖粉25克、猪油25克、鸡蛋半个

B.水87.5克

/油酥材料/

低筋面粉150克
黄油75克

/馅料材料/

A.低筋面粉250克、水20克

B.泡打粉2.5克、砂糖150克、黄油94克、鸡蛋半个、水38克

制作过程

① 将水皮材料的低筋面粉、糖粉、猪油、鸡蛋放入容器中，混合拌匀。

② 再加入水，拌成表面光滑的面团，松弛15分钟。

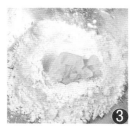

③ 将油酥材料放入容器中混合拌匀，使其软硬度和水皮面团差不多。

④ 将水皮面团压扁，包入油酥面团。

⑤ 然后擀开。

⑥ 以2折3层的方式折叠3次，每次松弛15分钟。

⑦ 再擀成长方形，在一半的位置上刷上蛋液。

⑧ 铺上馅料，将另一半面皮折叠过来，然后擀开，厚度0.8~1厘米。

⑨ 将面坯切成长15厘米、宽1厘米的长条。

⑩ 在长条表面再刷上一层蛋液。

⑪ 将长条扭出螺旋状，摆入烤盘。

⑫ 入炉，以上下火200℃/150℃烘烤大约20分钟至表面金黄色即可。

馅料制作过程

1. 将所有馅料材料（除低筋面粉外）放入容器中，混合拌匀。
2. 再加入低筋面粉充分拌匀，备用。切记不可起筋，软硬度同上。

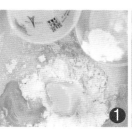

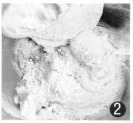

巧克力圆鼓饼 （成品19块）

Qiaokeli Yuangubing

材料

酵母1.5克　　　中筋面粉110克　　盐0.4克　　　巧克力200克　　/装饰材料/
牛奶55克　　　　绵糖15克　　　　黄油17克　　　　　　　　　　色香油适量

制作过程

1. 先将牛奶和酵母放入容器，搅拌均匀。

2. 再加入过筛的中筋面粉和盐、绵糖，拌至呈面团状。

3. 然后加入黄油，拌至面团光滑。

4. 用塑料纸包好面团，在较温暖的地方醒发1.5小时。

5. 待面团完全膨胀后，去掉塑料纸，将面团擀开至1.5毫米厚，松弛15分钟后，用圆形压模压出。

6. 用带有图案的印章，蘸上色香油，在面皮上印上图案。

7. 在饼干坯表面喷上适量的水，醒发20分钟左右。

8. 以上下火220℃/200℃烘烤大约8分钟，出炉冷却。

9. 将巧克力化开后挤入饼内部，至内部饱满。待巧克力完全凝固后即可。

棉花糖系列饼干 （成品39个）
Mianhuatangxilie Binggan

材料

低筋面粉195克	水48克	**/馅料材料/**	棉花糖适量
盐1克	黄油100克	椰子丝适量	白巧克力适量
糖粉23克	蛋黄20克	绵糖适量	

主面团制作过程

①	②	③	④
先将低筋面粉和糖粉过筛后，和盐一起加入容器中搅拌均匀。	将黄油化开后加入其中，拌匀。	再将水和蛋黄加入其中，拌成面团的形状。	将面团松弛15分钟左右备用。

椰子饼干制作过程

1. 将松弛完成的部分面团搓成圆柱体冷藏30分钟左右，取出，切成1厘米厚的圆片，摆入烤盘中，共15个。

2. 在饼干坯表面刷上鸡蛋液，撒上椰子丝。

3. 以上下火180℃/160℃烘烤约20分钟即可。

棉花糖饼干制作过程

1. 将部分面团擀开至5毫米厚，用中空圆形压模压出，摆入烤盘内，共15个。

2. 在饼坯表面刷上鸡蛋液，以上下火180℃/160℃烘烤大约15分钟后出炉。

3. 在两片饼干的中间加一片棉花糖，再入炉，以上下火200℃/170℃烘烤约3分钟。

木棍巧克力饼干制作过程

1. 部分面团分割成10克/个的小面团，将其搓成小圆锥形，共39个。

2. 摆入烤盘内，入炉，以上下火190℃/160℃烘烤大约12分钟。

3. 出炉冷却后，将白巧克力隔水化开后，蘸满饼干的一端即可。

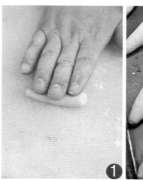  

WANGSEN

INTERNATIONAL COFFEE BAKERY WESTERN-FOOD SCHOOL

王森国际咖啡西点西餐学院

创业班

适合高中生、大学生、白领一族、私坊老板，创业、进修皆宜，
100% 包就业，毕业即可达到高级技工水平。

一年制蛋糕甜点创业班　　一年制烘焙西点创业班
一年制西式料理创业班　　一年制咖啡西点创业班
一年制法式甜点咖啡班

学历班

适合初中生、高中生，毕业可获得大（中）专学历和高级技工证，
100% 高薪就业。

三年制酒店西餐大专班
三年制蛋糕甜点中专班

留学班

适合高中以上的烘焙爱好者、烘焙世家接班人等，日韩法留学生
毕业可在日本韩国法国就业，拿大专学历证书。

日本果子留学班　　韩国烘焙留学班
法国甜点留学班

外教班

适合想增加店面赢利点的老板　，提升技术的师傅，想做特色产品
的私坊老板，接受国际最顶级大师的产品制作和设计理念。

韩式裱花　　法式甜点
日式甜点　　英式翻糖
美式拉糖　　顶级咖啡
天然酵母面包

苏州校区：www.wangsen.cn　北京校区：www.bjwangsen.com　广东校区：www.vsbake.com
QQ：281578010　　　电话：4000-611-018　　　地址：苏州市吴中区鑫昂路 145-5 号

书籍杂志
立即订阅

做最精致的内容，愿携手西点爱好者共同进步！

《亚洲咖啡西点》杂志

订阅热线	0512-66053037

学校官方网站：www.wangsen.cn
微博：http://weibo.com/639522567
微信号：yazhouxidian
QQ:449254645
热线电话：0512-66053037

新书籍杂志

图书在版编目（ＣＩＰ）数据

从零开始做烘焙 / 王森著. -- 青岛 : 青岛出版社,2016.3
ISBN 978-7-5552-3686-3

Ⅰ.①从… Ⅱ.①王… Ⅲ.①烘焙—糕点加工 Ⅳ.①TS213.2

中国版本图书馆CIP数据核字(2016)第042849号

书　　　名	从零开始做烘焙	
著　　　者	王　森	
参 与 编 写	杨　艳　武　文　成　圳　朋福东　孙安廷	
出 版 发 行	青岛出版社	
社　　　址	青岛市海尔路182号（266061）	
本 社 网 址	http://www.qdpub.com	
邮 购 电 话	13335059110　0532-68068026	
策 划 组 稿	周鸿媛	
责 任 编 辑	肖　雷	
设 计 制 作	毕晓郁　宋修仪	
制　　　版	青岛艺鑫制版印刷有限公司	
印　　　刷	潍坊文圣教育印刷有限公司	
出 版 日 期	2016年5月第1版　2016年5月第1次印刷	
开　　　本	16开（710毫米×1010毫米）	
印　　　张	9	
书　　　号	ISBN 978-7-5552-3686-3	
定　　　价	29.80元	

编校质量、盗版监督服务电话　4006532017　0532-68068638
印刷厂服务电话　0536-8062880
建议陈列类别：生活类　美食类